U0286718

图 3.2-1 电阻的不同外观形态图例

图3.2-2 五色环电阻

4环	第一环 ↓	第二环 ↓		第三环 ↓	第四环 ↓
颜色		读数		倍率	误差
黑	0	0	0	1	—
棕	1	1	1	10	1%
红	2	2	2	100	2%
橙	3	3	3	1K	—
黄	4	4	4	10K	—
绿	5	5	5	100K	0.50%
蓝	6	6	6	1M	0.25%
紫	7	7	7	10M	0.10%
灰	8	8	8	—	0.05%
白	9	9	9	—	—
金	—	—	—	0.1	5%
银	—	—	—	0.01	10%
5环	第一环 ↑	第二环 ↑	第三环 ↑	第四环 ↑	第五环 ↑

图 3.2-3 色环电阻计算表

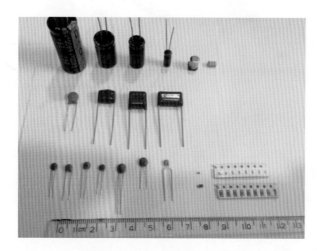

图 3.2-4　电容的不同外观

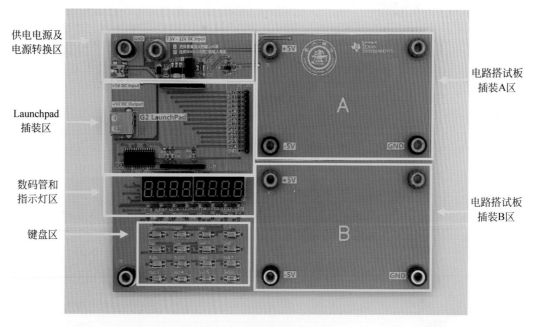

图 3.5-1　专用实验底板例图一

图 3.5-2　专用实验底板例图二

图 4.3-19　demo 程序执行效果（未按按键绿灯亮）

图 4.3-20　demo 程序执行效果（按键按下红灯亮）

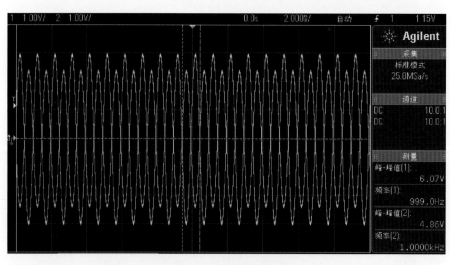

图 9.3-10　正弦波信号观测实例（放大倍数＝0.8）

教育部高等学校电子信息类专业教学指导委员会规划教材

高等学校电子信息类专业系列教材

Electronic Engineering Practice

电子工程综合实践

陈颖琪　袁焱　李安琪　崔萌　编著
Chen Yingqi　Yuan Yan　Li Anqi　Cui Meng

清华大学出版社

北京

内容简介

本书面向电路设计初学者,提供一套小型的电子工程设计实践项目,内容涉及电子工程常识认知、电路分析和设计仿真软件使用、单片机应用及程序设计技术、音频放大电路设计、模拟/数字混合电路设计、软硬件结合系统的开发等。

本书可作为电子工程、信息工程、通信工程、自动化、电气工程等电类专业的大学本科教材,也可供电子类初级工程技术人员学习参考。

与本书相关的 MOOC 课程《电子工程综合实践》已上线"好大学在线"网站,http://www.cnmooc.org,可供学习者通过互联网远程修学。

图书在版编目(CIP)数据

电子工程综合实践/陈颖琪等编著.—北京:清华大学出版社,2016(2024.7重印)
(高等学校电子信息类专业系列教材)
ISBN 978-7-302-44420-6

Ⅰ.①电… Ⅱ.①陈… Ⅲ.①电子技术-高等学校-教材 Ⅳ.①TN

中国版本图书馆 CIP 数据核字(2016)第 168682 号

责任编辑:梁 颖 柴文强
封面设计:李召霞
责任校对:白 蕾
责任印制:沈 露

出版发行:清华大学出版社
  网 址:https://www.tup.com.cn,https://www.wqxuetang.com
  地 址:北京清华大学学研大厦 A 座   邮 编:100084
  社 总 机:010-83470000   邮 购:010-62786544
  投稿与读者服务:010-62776969,c-service@tup.tsinghua.edu.cn
  质量反馈:010-62772015,zhiliang@tup.tsinghua.edu.cn
  课件下载:https://www.tup.com.cn,010-83470236
印 装 者:三河市龙大印装有限公司
经 销:全国新华书店
开 本:185mm×260mm 印 张:13.75 插 页:2 字 数:335 千字
     (附光盘 1 张)
版 次:2016 年 9 月第 1 版   印 次:2024 年 7 月第 6 次印刷
定 价:35.00 元

产品编号:066024-01

高等学校电子信息类专业系列教材

序
FOREWORD

我国电子信息产业销售收入总规模在 2013 年已经突破 12 万亿元,行业收入占工业总体比重已经超过 9%。电子信息产业在工业经济中的支撑作用凸显,更加促进了信息化和工业化的高层次深度融合。随着移动互联网、云计算、物联网、大数据和石墨烯等新兴产业的爆发式增长,电子信息产业的发展呈现了新的特点,电子信息产业的人才培养面临着新的挑战。

(1) 随着控制、通信、人机交互和网络互联等新兴电子信息技术的不断发展,传统工业设备融合了大量最新的电子信息技术,它们一起构成了庞大而复杂的系统,派生出大量新兴的电子信息技术应用需求。这些"系统级"的应用需求,迫切要求具有系统级设计能力的电子信息技术人才。

(2) 电子信息系统设备的功能越来越复杂,系统的集成度越来越高。因此,要求未来的设计者应该具备更扎实的理论基础知识和更宽广的专业视野。未来电子信息系统的设计越来越要求软件和硬件的协同规划、协同设计和协同调试。

(3) 新兴电子信息技术的发展依赖于半导体产业的不断推动,半导体厂商为设计者提供了越来越丰富的生态资源,系统集成厂商的全方位配合又加速了这种生态资源的进一步完善。半导体厂商和系统集成厂商所建立的这种生态系统,为未来的设计者提供了更加便捷却又必须依赖的设计资源。

教育部 2012 年颁布了新版《高等学校本科专业目录》,将电子信息类专业进行了整合,为各高校建立系统化的人才培养体系,培养具有扎实理论基础和宽广专业技能的、兼顾"基础"和"系统"的高层次电子信息人才给出了指引。

传统的电子信息学科专业课程体系呈现"自底向上"的特点,这种课程体系偏重对底层元器件的分析与设计,较少涉及系统级的集成与设计。近年来,国内很多高校对电子信息类专业课程体系进行了大力度的改革,这些改革顺应时代潮流,从系统集成的角度,更加科学合理地构建了课程体系。

为了进一步提高普通高校电子信息类专业教育与教学质量,贯彻落实《国家中长期教育改革和发展规划纲要(2010—2020 年)》和《教育部关于全面提高高等教育质量若干意见》(教高【2012】4 号)的精神,教育部高等学校电子信息类专业教学指导委员会开展了"高等学校电子信息类专业课程体系"的立项研究工作,并于 2014 年 5 月启动了《高等学校电子信息类专业系列教材》(教育部高等学校电子信息类专业教学指导委员会规划教材)的建设工作。其目的是为推进高等教育内涵式发展,提高教学水平,满足高等学校对电子信息类专业人才培养、教学改革与课程改革的需要。

本系列教材定位于高等学校电子信息类专业的专业课程,适用于电子信息类的电子信息工程、电子科学与技术、通信工程、微电子科学与工程、光电信息科学与工程、信息工程及其相近专业。经过编审委员会与众多高校多次沟通,初步拟定分批次(2014—2017年)建设约100门课程教材。本系列教材将力求在保证基础的前提下,突出技术的先进性和科学的前沿性,体现创新教学和工程实践教学;将重视系统集成思想在教学中的体现,鼓励推陈出新,采用"自顶向下"的方法编写教材;将注重反映优秀的教学改革成果,推广优秀的教学经验与理念。

为了保证本系列教材的科学性、系统性及编写质量,本系列教材设立顾问委员会及编审委员会。顾问委员会由教指委高级顾问、特约高级顾问和国家级教学名师担任,编审委员会由教育部高等学校电子信息类专业教学指导委员会委员和一线教学名师组成。同时,清华大学出版社为本系列教材配置优秀的编辑团队,力求高水准出版。本系列教材的建设,不仅有众多高校教师参与,也有大量知名的电子信息类企业支持。在此,谨向参与本系列教材策划、组织、编写与出版的广大教师、企业代表及出版人员致以诚挚的感谢,并殷切希望本系列教材在我国高等学校电子信息类专业人才培养与课程体系建设中发挥切实的作用。

吕志伟 教授

前言
PREFACE

电路设计是高校电子工程及其相关专业的核心教学内容之一。教学实践表明,仅靠讲授理论课程和开设传统的教学实验,难以把学生培养成为较熟练的电路设计者。

本书面向电路设计初学者,提供一套小型的电子工程设计实践项目,让学习者在参加工程实践过程中,边做边学,获得一点必要的工程常识认知,熟悉一些工程设计工具的使用方法,掌握一定的工程设计思维方法,为日后成为专业的设计者打下入门基础。

本书适合作为电子类相关本科专业二年级或三年级工程实践课程的教科书,也可供电子类初级工程技术人员学习参考。与本书相关的 MOOC 课程《电子工程综合实践》已上线"好大学在线"网站,http://www.cnmooc.org,可供学习者通过互联网远程修学。

与教程配套的实验元器件多数为常规物料,可方便地在市场上购得。少数定制器材可从相关的淘宝店家买到。

本书的第 1 章、第 2 章、第 6 章和第 7 章主要由袁焱编写;第 3 章、第 4 章、第 8 章电子音乐合成和第 9 章主要由陈颖琪编写;崔萌编写了第 5 章;李安琪编写了第 8 章红外遥控,并负责拍摄制作了书中大量的实景照片和图片;诸勤敏提供了书中大部分编程示例,还设计了专用实验底板;孟桂娥为审校本书,试做大量实验,提出多处改进建议。谨此亦对在本书编写和出版过程中提供帮助的所有人员致以诚挚谢意。

本教材个别图取自 TI 公司的网页,未采用国标,为尊重原版,并为读者查看方便,作者未做改动,特此声明。

限于编著者水平,书中难免存在不足之处,敬请批评指正。

编著者

2016 年 6 月

目 录
CONTENTS

第1章

CHAPTER 1

绪　　言

1.1　如何培养出熟练的电路设计者

电子工程专业技术的理论性很强。在本专科相关专业，"电路基本理论"是必修课程，该课程讲授许多关于电路的数学原理性知识。进一步，若要有效分析数字电路，则需学一些布尔代数；若研究模拟电路，有时还要用傅里叶变换进行频域分析。总之，其中要用到不少比较复杂甚至艰深的数学方法。

但是，在高校的教学实践中我们发现，仅靠讲授理论课程，包括开设与这些理论课程相配套的教学实验，学生仍难以成为熟练的电路设计者。

这是因为从另一方面看，电子工程相关专业的应用性也很强。要成为一名合格的电路设计工程师，除了能理解书本理论知识之外，还应具备一定的工程常识，会用一系列工程工具，掌握一些工程设计思维方法。

比如，关于工程实际中所用的电阻器元件就有不少电子工程常识。有些电阻器用于小电流或低电压环境，有些用于大电流或高电压环境。有些高精度测量电路中，要求电阻器的阻值精确程度达到万分之一甚至更高，且在不同工作温度下阻值保持稳定；而另一些电路中电阻值相对于标称值即使偏差百分之十或更多，对电路性能也不会构成明显影响。有些应用场合不太在乎电阻器物理尺寸的大小，而另一些场合则要求电阻元件尺寸比芝麻粒更小。在理论课本中用一个小小国际通用符号表示的电阻元件，在工程实际中却有极其丰富的种类，可能彼此间物理形态差异巨大，若缺少相关工程知识，即使亲眼见到也难以辨认出面前是一枚电阻元件。而且，基于现实的工程应用需要，利用新材料新工艺发明出来的新品种还会不断涌现。电阻器元件是如此，其他更复杂的电子元件，比如技术含量远高于电阻器的集成芯片，在工程应用中自然将涉及更深更广的工程学知识。

既然工程常识很重要，那么关于电阻器，我们有没有必要编写一本《电阻器大全》的教材？这么做一定既费力又低效！实际上，许多年资颇高的专业工程师也未必见过各种特型电阻。特殊器件为特殊应用而生，工程师们也是术业有专攻，即使见多识广者亦难做到无所不知。一般的电路设计工程师无需什么都懂，当工程实践中遇到特殊需要时，懂得通过合适的途径寻求技术和商务支持。这在某种程度上，就是直接或间接地向在该技术方向上更专业的工程师和制造者求助。

所以，工程知识或工程技能在相当大程度上是经验性的，很难像电路理论知识那样主要依靠书本方式传授,而是更适合让学习者在参加工程实践过程中,边做边学,接触实际,积累经验,逐步认知和领悟。

正是源于这样的理念和认识,我们创设了电子工程综合实践课程,并编写相关教材,以期对掌握了一些电路理论知识的学习者起到引导作用,让他们通过工程实践,逐步成为熟练的电路设计者。

1.2 本书提供的工程实践项目

本书为电路设计初学者提供一套小型的电子工程设计实践项目。通过这套项目完成的作品,就是电视机、影碟机等播放设备中音量调节功能的原型电路。从硬件组成上看,该电路大体包括模拟电路和控制电路两部分。

模拟电路的核心是一个放大倍数可受控的音频放大电路。该部分将由学习者根据教材提示,逐步开展设计和实验,从单个元件开始一点一点焊装调试而成。图 1.2-1 是它的功能示意图,图中字母 G 表示放大倍数(增益 Gain),斜向箭头代表增益可变。

控制电路的核心是一个单片机电路,包含一块单片机开发板卡和附带的其他电路。该部分为成品,无需焊接,只需要正确插装和连接,但学习者需要完成软件程序的设计。学习者通过实践逐步熟悉软件开发环境,掌握软件程序的编写和调试要领,编写出控制程序,使单片机电路能输出电信号去控制音频放大电路;同时,还要用单片机电路附带的按钮和显示电路,为假想的自己产品的使用者提供简易的操作面板功能(用户界面,UI)。图 1.2-2 是它的功能示意图,图中也示意了编写和调试单片机软件程序时,要把个人电脑连接到单片机开发板卡,开发者在电脑上运行特定工具软件,获得工作环境。

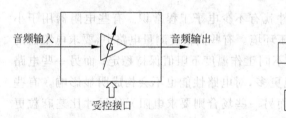

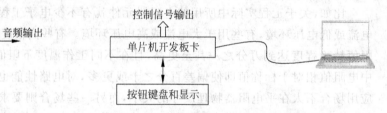

图 1.2-1　模拟电路部分的功能示意图　　　　图 1.2-2　单片机电路部分的功能示意图

图 1.2-3 是实验作品整体组合示意图。为检验功能效果,可以用手机播放音乐,通过耳机插孔输出作为实验作品的音频信号来源;作品的输出端接上合适的扬声器或蜂鸣器,就可以播放出经过实验电路调理的音乐信号。有余力的学习者还可以为实验作品增加一些更有意思的功能,比如图 1.2-3 中示出的红外遥控功能。

通过以上这套小项目,学习者有机会在工程实践中活学活用电路基本理论知识,理论联系实际,解决工程实际问题。同时,学习者还可以接触到各种类型的电子元件,获得单片机编程集成环境、电路仿真等工程实用工具软件的使用经验,通过解决工程难题悟得一些工程设计思维技巧。

不过,实验所完成的作品仍属于一种工程原型电路,其完善程度离日常所见商业化的电子产品还有很大距离。在工程现实中,商业电子产品的开发并非仅靠电路设计工程师单独

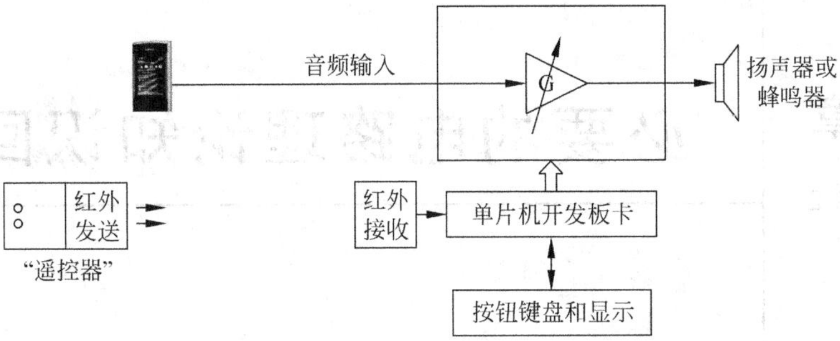

图 1.2-3　实验作品整体组合功能示意图

完成,同工业造型/结构设计工程师、生产工艺工程师等专业人士的合作通常必不可少,一个产品的诞生还要经历复杂的产品创意论证和项目管理过程。

1.3　本书的组织结构

教材共分为九章。

第 1 章为绪言。本书的实验要用到一些电路理论,第 2 章带大家回顾这些必要的电路基础理论知识。对于之前没有学过这些知识的学习者,这一章的内容可以作为课外补充学习的指引。

第 3 章讲授一些与实验项目相关的工程常识,包括电子元器件、实用工具、焊接技法、常用仪器等基本知识,而且对实验配套的专用器材进行了系统介绍。

第 4 章简要介绍单片机技术的基础常识,着重介绍实验所用的 MSP430 单片机开发板卡和软件编程环境 CCS 的使用方法,还提供一个范例程序并详细讲解它的工作原理,使学习者能较快上手使用这套工程开发工具。

电路仿真软件已经日益成为电路设计工程师不可缺少的辅助工具。第 5 章重点讲解和示范电路仿真软件 TINA-TI 的用法,并设置了多个实验案例。

第 6～8 章是工程实践的主体环节。第 6 章重点在实验作品的模拟电路部分,第 7 章则是单片机控制部分。这两章包含电路设计、电路制作、程序设计、代码编写的详细步骤,可谓"手把手"传授设计思想和带教操作要领。第 8 章针对有余力的学习者,给出一些技术方案提示,指点他们在前两章工作的基础上实施更多的拓展内容。

第 9 章是实践项目的收尾工作,包括实验作品评测方法和实验报告写作要求及要领。

学习者如果属于非专业的电子爱好者,可以跳过第 2 章和第 5 章,把学习重点放在动手实践的各章。而对于已经具备一定的理论知识、工程常识和实验技能的学习者,可以直接开展第 6 章以后的实验项目,不过仍建议通读第 3.5 节和第 4 章,以便对专用实验器材有基本的了解。

第 2 章
CHAPTER 2

必要的电路理论知识回顾

2.1 本章引言

通常做工程电路的设计总免不了要用到一些数学和物理,比如,在分析预测一个电路的性能时,只有量化分析才能提供足够精确有用的信息。利用相关的数学、物理电学、基本电路理论等学科知识,可以通过列写和求解方程(组),获取所需的定量分析结果。

本书的实验项目也不例外,其电路设计将用到一些定理和公式。本章,我们将会列举出这些工程电路设计中最常用的定理和公式。但是,我们不打算以此替代那些专门化经典教科书的功能。在理论层面,经典教科书的阐述一定远比本章粗浅随意的讲述方式更为精深和全面。本章的价值希望能体现在以尽量贴近工程实用的方式来诠释那些理论公式。

尽管从根本上讲,电路理论知识适合采用充分数学形式化的表述,但是那样会给初学者带来实质性的学习阻碍。为降低初学者的入门难度,基于必要但轻量化的原则,本章第 1 节将尽量以平实和数学上简化的方式讲解工程电路设计和分析中必然用到的一些电路理论性知识。它们包括欧姆定律、基尔霍夫电压和电流定律、分压公式、分流公式、戴维南定理等。讲述中免不了仍要用到一些数学公式,但我们会尽量借助小型的电路实例来引出这些公式。简化数学表达肯定会损失一些严密性和精确度,但也有助于让这些公式定理的物理含义更加凸显,令初学者有更多机会领会它们,尤为要紧的是能在工程电路设计中用上它们。第 1 节最后还会提供两个实用算例,帮助读者深化理解。

电路总是由一堆无源或有源的电子元件构成。这些元件以一定方式连接排布在一起,就能构成特定功能的电路。对初学者而言非常神奇的是,有时同样的几个元件,以不同的方式相互连接,或者仅仅改换信号的输入点或输出点,就能得到功能迥异的电路。所以,模拟电路设计无疑存在一个属于"艺术"的部分。发明一类全新拓扑构造的功能电路,历来被认为是业界大师的艺术杰作,公布于世的每种经典电路后面几乎都飘荡着一两位"祖师爷"的灵魂。在绝大多数工程设计中,我等俗辈尽情享用这些经典成果,稍稍加以灵活改造以适应特定的应用,就可混在业界有口饭吃。本章第 2 节所列举的基本运算电路,即可归入此类。

再说回到电路分析之法,一百个电子工程师恐怕有一百零一种诀窍。有时骨子里就是想方设法地"偷懒"。比如,通过简化的方式规避全面却不必要的繁琐运算;再如,在原型设计时,对某些参数只确定大致取值区间。理论家们追求数学上的精致和准确,而工程师们往往更为现实,他们意识到有些精算是没有必要甚至毫无实际意义的,因为常规电子元件实际值相对于其标称值常常有 1% 到 25% 不等的偏差,还常受环境温度影响而小有漂移。但殊途同归,源于实用性原则设计的电路总是比较相似的。

2.2　必要的电路基础理论知识及实用算例

2.2.1　欧姆定律(Ohm's Law)

大名鼎鼎的欧姆定律在中学物理已有讲授,它提供了十分基本的电学公式(式(2.2-1))。在工程电路分析和设计中,我们不仅把欧姆定律应用于单个元件上,也可以应用于电路上。

$$V = IR \qquad (2.2\text{-}1)$$

如图 2.2-1 电路中,LED 发光二极管是一个非线性元件,也就是说它的两端电压随着流过电流的变化不是线性变化的。我们可以把欧姆定律应用于 LED 和 R_3 串联组合的支路,用 $R(i)$ 表示这部分电路的电阻值。这个阻值不是恒定值,而是电流 i 的函数,且随着 i 增大,$R(i)$ 变小。式(2.2-2)表示了该部分电路等效电阻 $R(i)$ 与电压 v 和电流 i 的关系。尽管 $R(i)$ 不是恒定值,但整个电路仍满足欧姆定律(包括串并联电阻的计算关系)。

$$R(i) = \frac{v}{i} \qquad (2.2\text{-}2)$$

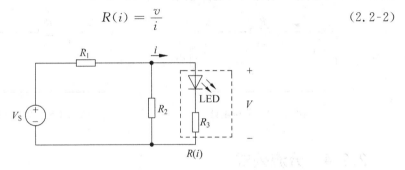

图 2.2-1　欧姆定律应用于电路

2.2.2　基尔霍夫定律(Kirchoff's Law)

1845 年基尔霍夫提出了两条电路定律,即著名的基尔霍夫电流定律(KCL)和基尔霍夫电压定律(KVL)。KVL 告诉我们,在任一时刻,电路中沿任一回路的所有支路电压降的代数和为零。如图 2.2-2,依箭头所示回路有

$$-V_S + V_{R_1} + V_{R_2} = 0 \qquad (2.2\text{-}3)$$

KCL 表述为在任一时刻电路中任一节点,流出该节点的所有支路电流之和等于流入该节点的所有支路电流之和(或流入该节点的所有支路电流的代数和为零)。

图 2.2-3 是一个电路的某个局部,根据 KCL 有

$$i_1 + i_2 = i_3 + i_4 \qquad (2.2\text{-}4)$$

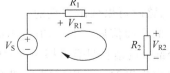

图 2.2-2　基尔霍夫电压定律图示

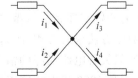

图 2.2-3　基尔霍夫电流定律图示

2.2.3 分压公式

当同一电流流经串联的两个无源元件时,形成总电压 V,则每个元件的电压只是总电压的一部分。串联元件对总电压有分压作用,这一用途的电路可称为分压电路。由 KVL 及欧姆定律,图 2.2-4 电路的分压关系可表示为

$$V_1 = \frac{R_1}{R_1 + R_2} V \tag{2.2-5}$$

$$V_2 = \frac{R_2}{R_1 + R_2} V \tag{2.2-6}$$

其中,$V = V_1 + V_2$。

有时,电路需连接后级负载。图 2.2-5 展示了图 2.2-4 电路接上负载 R_L 的情况。R_L 代表后级电路的等效输入电阻,此时就不能再直接套用公式(2.2-5)、(2.2-6),而应将式中 R_2 改作并联电阻 $R_2 \parallel R_L$。幸运的是,很多工程电路的输入阻抗被设计得足够大,若满足 $R_L \gg R_2$,则得 $R_2 \parallel R_L \approx R_2$。不过也要注意,有时在工程实际中当 $R_L \geqslant 10R_2$ 就可认为 $R_L \gg R_2$,所以用上述方式估算时可能产生最多达 10% 的偏差。

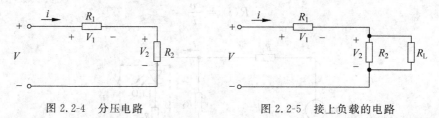

图 2.2-4 分压电路   图 2.2-5 接上负载的电路

2.2.4 分流公式

当电流流经并联的两个无源元件时,每个元件的电流只是总电流的一部分。并联元件对总电流有分流作用。这一用途的电流可称为分流电路。由 KCL 及欧姆定律,图 2.2-6 电路的分流关系可表示为

$$I_1 = \frac{R_2}{R_1 + R_2} I \tag{2.2-7}$$

$$I_2 = \frac{R_1}{R_1 + R_2} I \tag{2.2-8}$$

其中,$I = I_1 + I_2$。

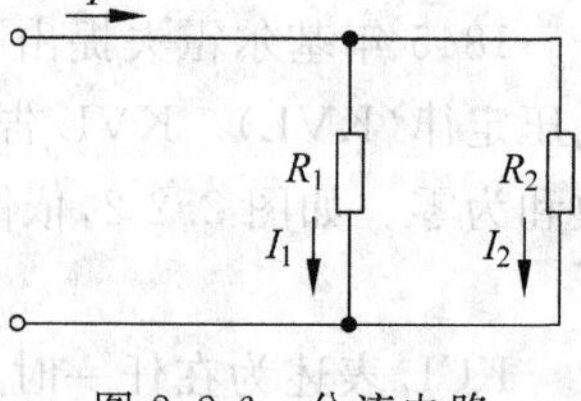

图 2.2-6 分流电路

熟记式(2.2-5)至(2.2-8)的分压公式和分流公式非常有必要。

2.2.5 戴维南定理(Thevenin's Theorem)

利用前述的欧姆定理和基尔霍夫定理,在分析电路时可以列出完整的节点或回路方程组,然后利用数学方法求解方程(组),获取关于电路的全面信息。不过,有很多时候因工程需要,我们其实只关心电路局部的情况,对电路其余部分的信息只需掌握一个大概。

戴维南定理是 1883 年由法国工程师 L. C. 戴维南提出的。运用该定理,我们可以把适

当的电路部分用等效的简化电路形式替代,从而降低分析过程的复杂度。

用教科书的语言讲,戴维南定理提供了"求含源线性单端口网络等效电路"的一种方法。也就是说,对于线性含源单端口网络,从端口上看可等效为一个电压源串联电阻支路。

我们有必要尽量深入浅出地解释一下上述这段话的含意。

首先,"网络"就是"电路"一词的别称。

其次,"线性"是一个严格的数学名词。为了让本节的数学公式尽可能少一些,我们尽量用语言描述它的意思。一个电路如果是线性的,或者说它能够被看作是线性电路,应满足两条性质:一曰"齐次性",二曰"叠加性"。

"齐次性"可以理解为,如果电路的输入信号变为原来的 K 倍(K 可以小于1)则输出信号也会变为原来的 K 倍。如图 2.2-7 所示的电路,输入信号即电源电压 V,输出信号 V_{out},显然满足齐次性。但是,图 2.2-8 电路中多加了一个带二极管 D(非线性元件)的并联支路,假设 D 是一个普通硅二极管。第一种情况,让电源电压 V 保持为正,由于在这个过程中,二极管不导通,电路输入输出关系将满足齐次性。第二种情况,让电源电压 V 改为反极性,取值从 $-5V$ 逐渐变到 $-10V$,你会发现由于含二极管的支路等效为一个非线性电阻,电路的输入输出关系不满足齐次性。这个例子告诉我们,"线性电路"是一种数学上的理想假设,现实世界的电路在一定条件下可近似被看作线性电路。

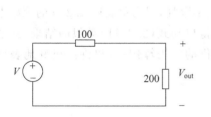

图 2.2-7 电路齐次性(一)

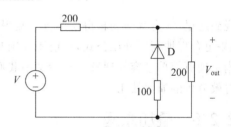

图 2.2-8 电路齐次性(二)

"叠加性"可理解为,有两个或多个输入的线性电路中,每一个元件的电流或两端电压,都可以看作是由每个输入单独作用时在该元件上的电流或电压的代数和。叠加性或称叠加原理将在下一段讨论。

然后,我们举一个实例(图 2.2-9)来说明戴维南定理的使用规则。在图 2.2-9 中虚线 XY 左侧的电路就是一个含源(电压源 V)的、单端口(对外只有 XY 一个端口)的网络(即电路),且电路中没有非线性元件。

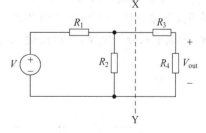

图 2.2-9 原始电路

第一步,把虚线 XY 右侧电路移除,然后求端口 XY(即 R_2 两端)的电压,显然由分压公式得

$$V_{\text{TH}} = V \frac{R_2}{R_1 + R_2} \qquad (2.2\text{-}9)$$

第二步,令 $V=0$,求从端口 XY 向左看去的电路阻抗,显然

$$R_{\text{TH}} = \frac{R_1 R_2}{R_1 + R_2} = (R_1 \parallel R_2) \qquad (2.2\text{-}10)$$

于是可以将图 2.2-9 改画为戴维南等效的形式,如图 2.2-10。利用图 2.2-10 的电路,

我们可以比较快捷地用分压公式(2.2-5)、(2.2-6)计算得到

$$V_{out} = V_{TH} \frac{R_4}{R_{TH} + R_3 + R_4}$$

$$= V\left(\frac{R_2}{R_1 + R_2}\right) \frac{R_4}{\frac{R_1 R_2}{R_1 + R_2} + R_3 + R_4} \qquad (2.2\text{-}11)$$

需要注意的是,以上所谓"等效"是专指对外电路等效,也就是对虚线 XY 右侧电路。对虚线 XY 左侧电路而言,变换前后电路的内部电流、功率等都发生了改变。实际上,施加戴维南等效变换后,内电路的某些信息已经"丢失",这是因简化而付出的代价。

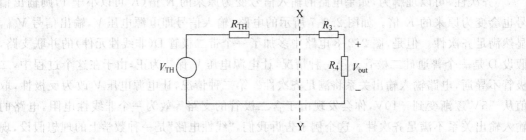

图 2.2-10　对应的戴维南等效电路

说到这里,一定有脑筋转得快的读者觉得有点不服气,因为单就图 2.2-9 的原始电路而言,如果更合理地利用分压公式,也能不太困难地得出与式(2.2-11)类似的结果,甚至比用戴维南定理更简单且容易理解。在后文中我们提供的实用算例一,也许能更好地表现出戴维南等效分析的简化效用。

2.2.6　叠加原理

前文我们已经提及了线性电路的叠加性,或称叠加原理。下面,我们用图 2.2-11 的电路来演示如何利用该定理来简化分析过程。

图 2.2-11 的电路中含有两个独立的电压源 V_1 和 V_2,当它们同时存在时,各电阻间的串并联关系并不明确,从而难以直接应用分压或分流公式来快速求解 V_{out}。

根据叠加定理,我们可以分别计算两个输入 V_1 和 V_2 对 V_{out} 的作用。不妨先考虑 V_2 的作用,此时令 $V_1 = 0$,电路等效为图 2.2-12 的形式。容易看出,R_1 和 R_2 是并联组合,再与 R_3 构成串联分压电路,可以快捷地得到

$$V_{out2} = V_2 \frac{R_1 \parallel R_2}{R_3 + R_1 \parallel R_2} \qquad (2.2\text{-}12)$$

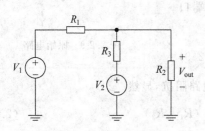

图 2.2-11　叠加定理举例

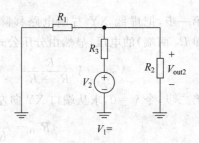

图 2.2-12　$V_1 = 0$ 时的等效电路

类似地,令 $V_2=0$,单独考虑 V_1 的作用,得到形如图 2.2-13 的等效电路。此时,R_2 和 R_3 是并联组合,再与 R_1 构成串联分压关系。我们能方便地写出

$$V_{out1} = V_1 \frac{R_2 \parallel R_3}{R_1 + R_2 \parallel R_3} \tag{2.2-13}$$

最后,根据叠加原理进行合成,总的输出 V_{out} 应是 V_{out1} 和 V_{out2} 的代数和。

$$V_{out} = V_1 \frac{R_2 \parallel R_3}{R_1 + R_2 \parallel R_3} + V_2 \frac{R_1 \parallel R_2}{R_3 + R_1 \parallel R_2} \tag{2.2-14}$$

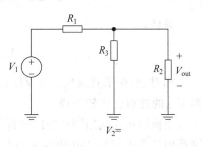

有兴趣的读者可以直接利用回路或节点方程组来求解本例,验证式(2.2-14)的正确性。你将会发现用叠加定理得到的表达式似乎有更明显的物理意义,更便于直观理解。比如在本例中,从式(2.2-14)表达的对称性可以获得启发,如果两个电压源绝对值相同但极性相反(即 $V_1=-V_2$),且若 $R_1=R_3$ 时,输出 V_{out} 将为零。同样的结论却很难从直接的回路/节点分析结果表达式观察得出。

图 2.2-13　$V_2=0$ 时的等效电路

下面将补充两个电路实用算例。算例一将进一步展示戴维南定理对电路分析的简化效用,算例二则是一个用三极管驱动发光二极管的实用电路。

2.2.7　实用算例一

图 2.2-14 中是一个桥接电路,R_5 和 R_6 的串联组合体与其余电阻 R_1、R_2、R_3、R_4 构成的结构既非并联,也非串联。基于 KCL、KVL 的回路/节点分析法对此总是万能的,但我们将不得不解多元方程组,过程相当复杂。本例中,假定我们仅关心电压源 V 在 R_6 上引起的 V_{out},所以不妨对虚线 XY 左侧部分施加戴维南等效变换。

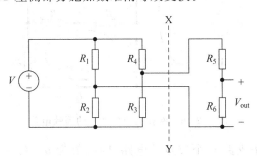

图 2.2-14　算例一原始电路

根据戴维南定理的使用步骤,我们先移除虚线 XY 右侧电路,计算端口 XY 开路电压 V_{TH},容易得到

$$V_{TH} = V \left(\frac{R_3}{R_3 + R_4} - \frac{R_2}{R_1 + R_2} \right) \tag{2.2-15}$$

然后求当 $V=0$ 时,从端口 XY 向左看入时的电路阻抗,发现 R_1、R_2 为并联关系,R_3、R_4 为并联关系,之后两部分又构成串联,所以

$$V_{TH} = R_1 \parallel R_2 + R_3 \parallel R_4 \tag{2.2-16}$$

图 2.2-15 展示了戴维南等效后的电路形态。

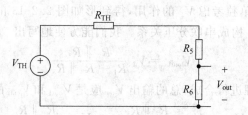

图 2.2-15　算例一的戴维南等效电路

显然，

$$V_{\text{out}} = \frac{R_6}{R_{\text{TH}} + R_5 + R_6} V_{\text{TH}} \tag{2.2-17}$$

相对地，如果直接使用 KVL 和 KCL 方法（比如网孔分析法）来分析和列写方程，则求解 V_{out} 的过程会比较繁琐。

下面演示本例用网孔法的解析，可以画出图 2.2-14 中桥接电路的等效电路，如图 2.2-16。网孔电流指的是沿网孔边界流动的假相电流，假设每个网孔有一个电流，以此为待求量列写网孔回路的 KVL 方程，这种分析方法即称为网孔分析法。

依照图 2.2-16 所示等效电路，可列出网孔方程：

$$\begin{cases} V = i_{\text{m1}}(R_1 + R_2) - i_{\text{m3}}R_2 - i_{\text{m2}}R_1 \\ 0 = i_{\text{m2}}(R_1 + R_4 + R_5 + R_6) - i_{\text{m1}}R_1 - i_{\text{m3}}(R_5 + R_6) \\ 0 = i_{\text{m3}}(R_2 + R_3 + R_5 + R_6) - i_{\text{m1}}R_2 - i_{\text{m2}}(R_5 + R_6) \end{cases} \tag{2.2-18}$$

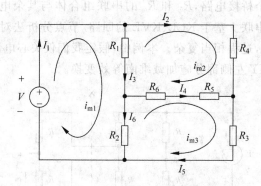

图 2.2-16　网孔法中算例一的等效电路

注意到，对于有 b 条支路 n 个节点的电路，网孔数为 $b-(n-1)$。本算例中，电路有 $b=6$ 条支路，$n=4$ 个节点，则网孔数为 3 个，所以可列出 3 个网孔方程式。

网孔电流是一组独立、完备的变量：独立性是指各网孔电流不能用 KCL 联系，是线性无关的；完备性是指各支路电流均可用网孔电流线性表示。本算例中，各支路电流可用网孔电流分别表示为：

$$I_1 = i_{\text{m1}}, \quad I_2 = i_{\text{m2}}, \quad I_3 = i_{\text{m1}} - i_{\text{m2}}, \quad I_4 = i_{\text{m3}} - i_{\text{m2}}, \quad I_5 = i_{\text{m3}}, \quad I_6 = i_{\text{m1}} - i_{\text{m3}}$$

根据网孔电流方程组(2-18)，可求解三个网孔电流 $i_{\text{m1}}, i_{\text{m2}}, i_{\text{m3}}$。经计算，电压源 V 在 R_6 上引起的 V_{out} 为

$$V_{\text{out}} = (i_{\text{m2}} - i_{\text{m3}})R_6 \tag{2.2-19}$$

显然，利用网孔电流法可以全面地分析电路，计算得出每条支路的电流、每个电阻的电

压降。但如果我们只对电压源 V 在 R_6 上引起的 V_{out} 感兴趣,即只分析这一支路上的问题,列解方程组就会增加计算上的复杂度,出现一些不必要的变量。所以,就计算简便而言,戴维南定理是工程计算常用的选择。

2.2.8　实用算例二

图 2.2-17 电路是一个红外遥控电路的末级,本书后续实验中也将引用该电路的设计。电路中的红外发光二极管 LED 受输入信号 V_{IN1} 和 V_{IN2} 控制,发生相应的亮灭变化。

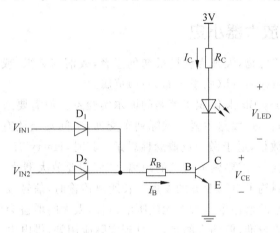

图 2.2-17　红外 LED 发光管驱动电路

电路的具体工作特性有:
- 红外发光二极管的正常工作电流约为 10mA,此时发光二极管的正向工作压降约为 1.2V
- 输入信号 V_{IN1} 和 V_{IN2} 为数字信号,信号电压只可能为 3V(高电平)或 0V(低电平)
- 受 V_{IN1} 和 V_{IN2} 控制,三极管工作在开关模式,要么处于截止状态,要么处于饱和导通状态。导通时 $V_{CE}\approx0.2V$,静态 $\beta\approx30$
- 二极管 D_1、D_2 的正向导通压降约为 0.7V

要使该电路正常发挥作用,需要确定电阻 R_B 和 R_C 的合理取值。下面示范如何定量估算电阻 R_B 和 R_C 的取值。首先,当三极管饱和导通时,红外发光管应能发光。

$$I_C = \frac{V_{+3} - V_{LED} - V_{CE}}{R_C} = \frac{(3 - 1.2 - 0.2)}{R_C} \geqslant 10(\text{mA})$$

所以,$R_C \leqslant 160(\Omega)$

实际中可取 $R_C = 150(\Omega)$

三极管饱和导通时,应有

$$\beta I_B \geqslant I_C$$

即

$$I_B = \frac{V_{IN} - V_D - V_{BE}}{R_B} \geqslant \frac{I_C}{\beta}$$

$$\frac{3 - 0.7 - 0.7}{R_B} \geqslant \frac{10}{30}$$

$$R_B \leqslant 4800(\text{k}\Omega)$$

实际中,可取 $R_B=4.7(\mathrm{k}\Omega)$。

当 V_{IN1} 和 V_{IN2} 都为低电平(0V)时,三极管基极电流 $I_B=0$,三极管截止关断,C、E 两级相当于开路,红外管不发光。

当 V_{IN1} 和 V_{IN2} 中至少有一路为高电平时,三极管饱和导通,红外管发光。所以,该电路用两个二极管实现了两路输入信号之间的"或"逻辑关系。

2.3 运算放大器基本电路的分析方法

2.3.1 运算放大器小史

人间特有用的发明之物,大凡为褒扬最初创意者,或谓其鼻祖,或尊称某某之父。负反馈放大器之父当非 Harry Black(哈里·布莱克)莫属。

1934 年,这位 Harry Black 供职于著名的贝尔实验室。他需要来往奔波于纽约市的家和新泽西的工作地之间。这段路主要靠城际列车交通,中间甚至还有一段渡轮。渡轮摆渡常使 Harry 感到心情放松,适于做一点概念性思索。其时,Harry 有一个棘手的问题需要设法破解。当时,电话线已经需要延伸很长的距离,它们需要放大器来提升信号强度。但是,不可靠的放大器严重制约了电话业务的发展。长距离传输时,信号放大器的增益(即放大倍数)需要足够稳定,太小的增益令接听者无法听清声音,太大的增益会使信号失真。彼时,放大器出厂前均经过精心校准,但恼人的是,一旦到实际应用处,供电电压的少许差异,或者环境温度的变化,都能造成增益特性发生明显的漂移。

当时的工程师们知道一个常识——无源器件(普通电阻、电容等)特性的漂移通常远远小于有源器件。所以,如果一个放大器的增益能由无源器件确定,那么问题就解决了。在某次渡轮之旅中,Harry 突发灵感,为放大器问题构思出一个新颖的对策,他草草记下了这个绝妙的主意。

这个主意就是先制造一个增益比实际所需高很多的放大器,让这个放大器的输出信号通过某种方式"反馈"回输入端,这会令整个电路(指放大器和反馈元件组成的整体)的增益取决于反馈电路而不是放大器本身的增益。

听上去颇有些玄奥,不妨看看图解。如图 2.3-1 所示,放大器本身的增益是 A,反馈回路增益有 β,输出信号返回输入端与输入信号相减(这称为负反馈)。数学上很容易求得:

$$\frac{V_{OUT}}{V_{IN}}=\frac{A}{1+A\beta} \tag{2.3-1}$$

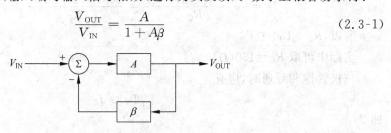

图 2.3-1 Harry Black 的概念性设计

如果 A 足够大,并使 $A\beta\gg1$,则

$$\frac{V_{OUT}}{V_{IN}}=\frac{1}{\beta} \tag{2.3-2}$$

反馈回路可以由无源器件构成,β 由它们的参数确定。电路的增益由无源器件而不是有源放大器件来决定。Harry 记录了第一个人为明确有意设计的反馈电路方案。在此之前应该有不少被不经意间设计的反馈电路系统已经出现过,但它们的制造者都未能发现其中深藏的理论原理。负反馈原理是几乎当今所有运算放大器电路的理论基础。

然而,Harry 所完成的毕竟更多的是一名理论家的工作,他着实给工程师们出了难题。

这里,需要谈及放大器的增益带宽积(GBW)的概念。放大器有一项重要属性,它的增益与工作带宽的乘积约为一个常数。比如一个 GBW 为 10MHz 的放大器,当放大倍数为 2V/V 时,工作带宽就为 5MHz。它无力把 5MHz 以上的信号,比如 10MHz 的信号也放大 2 倍。在 1930 年代,放大器元件的性能还很弱,难怪有人会这么说:"做一个 GBW 为 30kHz 的放大器本来已经很不容易,而这厮居然要我做一个 GBW 是 3MHz 的放大器,然后被他拿去仍旧做成一个 30kHz GBW 的电路。他准是脑子坏了!"但是,时间终究会证明 Harry 是对的。

当然,仍有一个小问题 Harry 没有详细述及,那就是振荡问题。实际当中,人们发现高增益的开环电路一旦转为闭环工作,就会发生自激振荡,电路时常不稳定。许多人认真研究了这种不稳定效应。到 1940 年代,理论界已经能给出关于这一问题的合理解释。只是,依据这些理论来分析设计一个稳定系统,往往要经过冗长无趣、错综复杂的运算步骤。几年过去了,似乎没有人能够使问题变得更简单些或更容易被理解一点。

到了 1945 年,H. W. Bode(大名鼎鼎的波特图方法的发明者)提出一套系统性方法,通过作图的方式分析反馈系统稳定性。如图 2.3-2 所示为一个低通滤波器的波特图样例。在这之前,分析反馈作用时要做大量的乘除法运算,所以,计算系统的传输函数是一项费时费力的差事——要知道,1970 年代前的工程师们日常还没有计算器或计算机可用。Bode 巧妙地利用取对数的数学技巧,让乘除法蜕变为加减法,再把繁杂的计算过程转化为一种纸面作图过程,就能简单明了地得出反馈系统稳定性分析的结论。至此,反馈系统分析虽然仍旧有些复杂,但已经不像以前那样是一门高深的艺术,只有一小群电气工程师把自己关进小黑屋里头才能完成。这时,任何一个电气工程师用上 Bode 的方法都能分析出一个反馈电路是否稳定。把反馈技术用到各类机器里头的例子开始多起来。不过,在计算机和电子换能器技术成熟起来之前,设计电子反馈系统的情况依然并不多见。

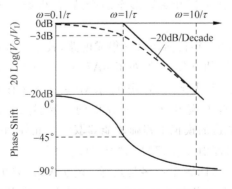

图 2.3-2　波特图的样例(低通滤波器)

史上第一台实时计算机是模拟计算机，而不是当今大行其道的数字计算机。它通过被"预先编程"来设定运算公式，然后输入运算数据（通常是用一定大小的电压来表示），获得计算结果（也是电压信号，用电表测量获知"得数"）。所谓"编程序"，就是改变一系列司职"运算"的电路的连接（顺序）。由于需要改动硬件连线，这种做法有太大局限性，所以模拟计算机很难普及推广。模拟计算机的心脏是一种被叫做 Operational Amplifier（运算放大器）的器件。它被用来实施各种数学运算，对输入信号进行加、减、乘、除，甚至还能作积分和微分运算。很快地，这名字被简化成很酷的 op amp（以下我们用中文就开始管它叫"运放"）。运放有很大的开环增益（一如 Harry black 当初所想），当闭环工作时，放大器按照其外部无源器件及其连接方式的指示，完成相应的数学运算。这种放大器体积很大，因为内部由一堆真空管构成，还需要高电压的供电。但它是模拟计算机这种高级机器的心脏，所以其庞大的尺寸和巨大的能耗显得跟它昂贵的价格是相称的。

尽管很多早期的运放都用来制造模拟计算机，但不久人们发觉还能用它来干很多其他的事情，到后来在物理实验室内它甚至成了俯首可得的器材。

当时，通用型的模拟计算机开始在大学和大公司实验室里出现，它们对做研究工作至关重要。几乎同时，由于实验工作中时常要对换能器信号进行调理（Signal Conditioning，意为做一定的信号变换，比如放大或缩小以满足所需），运放找到了一种适合它们的新用途。随着做信号调理的应用不断增多，对运放的这种额外应用需求超过了制造模拟计算机的需求。甚至当数字计算机崛起，模拟计算机失宠并如史前恐龙般灭绝之时，运放"幸存"下来！在各式各样的模拟应用中，它的地位稳如泰山。

话说到还在晶体管兴起之前，第一批信号调理用的运放仍是真空管构造的，它们有庞大的身躯。在 1950 年代，能工作于低电压的微型真空管出现了（你不必把它们想象得太小）。终于，用微型真空管可以把运放做得如砖头那般"小"了。彼时，运放电路模块获得一个昵称——砖块（Bricks）。随着技术发展，运放缩小到一只单体八引脚真空管的大小。到 1960 年代，晶体管最终迎来成功商用化的时代，用晶体管技术进一步把运放体积减小到几立方英寸。砖块的雅号还是保留下来，后来这一称谓又开始被用来指代非集成芯片化的缩微电路模块（比如厚膜电路模块等）。

大部分早期运放都是为特定任务制造的，服务于特定目的，它们并没有多少通用性。各家制造商往往都有不同特性指标和封装形态的产品，在市场上很难找到相互间可替代的型号。

在 1950 年代后期至 1960 年代前期，IC（集成电路）技术发展起来。不过，晚到 1960 年代中期，才由 Fairchild（美国仙童公司）发布了 μA709——历史上第一款成功商用化的集成运放（IC op amp），设计者是 Robert J. Widler。μA709 有一堆毛病，不过任何熟练的模拟工程师都能利用它做各种各样的模拟应用。μA709 的主要弱点在稳定性不够。它需要用到外部补偿技术，只有精于此道的模拟工程师才能驾驭它。此外，它还格外敏感，工作条件稍有些不利的风吹草动，就可能引发 μA709 的"习惯性自毁"。当时一家主流的军用设备制造商甚至专门发表了一纸论文，标题差不多是这样：能引发 μA709 珍珠港式毁灭的 12 种情形。紧随 μA709 之后，μA741 出现了。由于自带内部补偿，在其技术手册指定的条件下工作时，已经无需外部再做补偿电路。另外，它的个性也远比 μA709"温和宽容"。自那之后，每年都有新型号的运放面世，而且似乎永无止境。它们的性能和稳定程度越来越高。当今的不少运放的使用方法能被几乎任何人所掌握,包括可能尚为初学者的你。

最新一代的集成运放覆盖了从 5kHz GBW 到 1GHz GBW 以上各种频谱;供电电压有从刚够保证运行的 0.9V 到绝对最高电压达 1000V 量级;输入电流和输入失调电压(理想值都为零)已能做到很小,以至于用户做进货检验时想测量验证这些指标都是难题。运放已然是一种十足的"万能"通用模拟集成芯片,几乎能承担起所有模拟任务。它可以用来做线路驱动器、比较器、放大器、电平转换器、振荡器、滤波器、信号调理器、电流源、电压源等各式实用电路。开发者的问题是怎样迅速地挑选正确的电路结构和适合的运放型号,然后怎么计算电路中无源器件的取值以便得到想要的系统传输函数。

本章节只讨论用运放构成的电路。我们将把运放看作基本元件,仅在相关电路层面开展分析计算和设计,不涉及运放芯片内部结构和工艺。

当今世界,数字化新技术迅猛突进,似乎大有扫荡一切"旧"技术之势。有人不免担心,模拟技术这位老绅士是不是有一天要彻底让位于数字技术新贵呢? 其实不必多虑,无论多新奇的数字设备总要与这个真实世界有"接口",而真实世界的属性无疑是"模拟制式"的! 而且,模拟技术也在发展更新。每一代数字化电子新玩意儿都会对模拟电路设计提出新要求,新世代的运放将会迎合这种需求。模拟技术设计、运放电路设计在未来仍将会是一项不可或缺的基础性技能。

2.3.2　运算放大器的理想化数学模型

上文提到,运算放大器器件被发明出来时,最早是用于制造模拟计算机,用它们能设计出对信号(波形)进行放大(倍乘)、加、减、积分、微分等"运算"处理的电路。尽管模拟计算机技术衰落了,但这些运放电路在工程实际中仍然十分有用。

运算放大器实际器件的物理电特性非常复杂,可以用数十甚至上百项指标来描述。万幸的是,对于大多数的应用电路,可以借助一些数学上简化的方法来完成定量分析和设计。也就是说,为运放规定一种理想化的数学模型。这非常类似于物理力学中使用的各种理想化概念,比如绝对不会发生形变的刚体、不会伸缩的绳子、不计质量的滑轮等等。

理想化的运放数学模型是一个三端口器件。它有两个输入端,分别称为同相输入端(标"+"号)和反相输入端(标"−"号),还有一个输出端。它包含以下几条假设性规定,可以用图示法画作图 2.3-3。

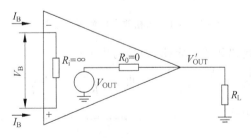

图 2.3-3　运算放大器的数学模型

【假设 1】　假定在电路中,流入输入端的电路恒为零,即图 2.3-3 中有 $I_+=I_-=0$。所以,在任何情况下,两个输入端引脚间电流为零,可以说它们之间是"断路"的。大部分实际运放器件的这两脚间电流只有 pA 级(10^{-9}A),所以这一假定十分接近现实。但毕竟是一种近似,所以称之为"虚断"。另一个角度讲,这自然就是认为输入阻抗 R_i 是无穷大的。

【假设2】　假定运放的增益为无穷大。我们用符号 V_+ 表示同相输入端电平,V_- 表示反相输入端电平,V_{out} 表示输出端电平,运放的增益用 G 表示,则有如下关系式

$$V_{out} = (V_+ - V_-) \cdot G \tag{2.3-3}$$

现代运放器件的增益一般在 100dB(100 000 倍)以上,所以近似认为 G 无穷大也是合理的。

【假设3】　假定同相输入端与反相输入端的电平总是相等,即 $V_+ = V_-$。在数学上,这也是式(2.3-3)成立的必要条件。否则,V_{out} 就无法是一个有限量了。两个输入端引脚的电位恒等,可以认为它们之间是"短路"的,称之为"虚短"。

【假设4】　假定运放输出阻抗为零。运放输出端内部可看作一个受控电压源。器件的输出阻抗也就是该电压源的内阻。这样,理想运放可以驱动任意大小的负载,无需担心输出电流流过输出电阻 R_o 时出现电压降低。

有了这几条理想化条件后,分析运放电路的数学过程会大大简化,我们将在下文中加以展示。但是,实际器件与理想化数学模型间毕竟存在本质差别。所以,在之后的章节中,我们将有机会进一步讨论这种差别对电路设计的影响和限制,从而由理想世界回归现实世界。

2.3.3　基本运算电路

在这段里我们介绍四种典型的运放应用电路,分别是同相放大器、反相放大器、加法器和差分放大器(减法器)。通过用理想运放模型来求解它们的输入输出特性关系式,说明它们在功能上是如何"名副其实"的。电路分析中也会用到上节的公式和定理。

2.3.3.1　同相放大器

如图2.3-4,在同相放大器电路中,输入信号连到运放的同相输入端。根据理想运放假设3,$V_+ = V_-$,则 $V_- = V_{IN}$。再根据假设1,$I_+ = I_- = 0$,可得 $i_f = i_1$,即流经电阻 R_1 和 R_f(注:下标f表示 feedback,反馈)的电流值相等。

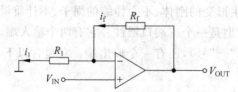

图 2.3-4　同相放大器的理论电路

利用基尔霍夫电流定律和欧姆定律,容易写出方程

$$\frac{V_-}{R_1} = \frac{V_{OUT} - V_-}{R_f} \quad 即 \quad \frac{V_{IN}}{R_1} = \frac{V_{OUT} - V_{IN}}{R_f} \tag{2.3-4}$$

可解得输入输出关系式

$$V_{OUT} = V_{IN} \frac{R_1 + R_f}{R_1} \tag{2.3-5}$$

和电路增益表达式

$$G = \frac{V_{OUT}}{V_{IN}} = 1 + \frac{R_f}{R_1} \tag{2.3-6}$$

可见,输出信号与输入信号的正负极性是相同的,即符合"同相"一词的含义。

今后电路分析设计中,在电路拓扑结构与图 2.3-4 相符的情况下,可直接引用式 2.3-6,简化数学过程。

同相放大器还有一个特例电路。如果去除图 2.3-4 中 R_1,或者说数学上相当于 $R_1=\infty$,电路输入输出关系式和增益表达式演变为

$$V_{\text{OUT}} = V_{\text{IN}}$$

$$G = \frac{V_{\text{OUT}}}{V_{\text{IN}}} = 1$$

该电路称为电压跟随器。电压跟随器看似并未对输入信号做任何改变,那么在实际中有用吗?请看这样一个例子。图 2.3-5(a)的简单电路输出端 $V_{\text{O1}}=+3.0\text{V}$;如果像图 2.3-5(b)中那样直接接上一个 $2\text{k}\Omega$ 的负载电阻后,$V_{\text{O2}}=+2.0\text{V}$,因为电路中的 $1\text{k}\Omega$ 相当于前级输出电阻,会因分压效应分走 1V 电压。如果在两个电阻间插入电压跟随器电路,像图 2.3-5(c),则 $V_{\text{O3}}=V_{\text{O1}}=+3.0\text{V}$。电压跟随器有很高的输入阻抗和很低的输出阻抗,所以经常用来解决电路前后级输入输出阻抗造成的信号传输走样问题。当然,运放是有源器件,这种解决方案是以增加电路复杂度和能耗为代价的。

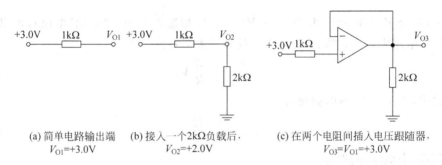

(a) 简单电路输出端　(b) 接入一个2kΩ负载后,　(c) 在两个电阻间插入电压跟随器,
　$V_{\text{O1}}=+3.0\text{V}$　　$V_{\text{O2}}=+2.0\text{V}$　　　$V_{\text{O3}}=V_{\text{O1}}=+3.0\text{V}$

图 2.3-5　电压跟随器示例电路

2.3.3.2　反相放大器

如图 2.3-6,在反相放大器电路中,运放同相输入端通常接地。根据理想运放假设 3,$V_- = V_+ = 0$,运放反相输入端形象地被称为处于"虚地"电位。再根据假设 1,可得 $i_{\text{f}} = i_1$。

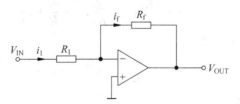

图 2.3-6　反相放大器的理论电路

利用基尔霍夫电流定律和欧姆定律,容易写出方程

$$\frac{V_{\text{IN}} - V_-}{R_1} = \frac{V_- - V_{\text{OUT}}}{R_{\text{f}}} \quad 即 \quad \frac{V_{\text{IN}}}{R_1} = \frac{-V_{\text{OUT}}}{R_{\text{f}}} \tag{2.3-7}$$

可解得输入输出关系式

$$V_{\text{OUT}} = -\frac{R_{\text{f}}}{R_1} V_{\text{IN}} \tag{2.3-8}$$

和电路增益表达式

$$G = \frac{V_{\text{OUT}}}{V_{\text{IN}}} = -\frac{R_{\text{f}}}{R_1} \tag{2.3-9}$$

可见,输出信号与输入信号的极性是相反的,此即"反相放大"的含义。

在电路拓扑结构与图 2.3-6 相符的情况下,今后电路分析设计中可直接引用式(2.3-9),简化数学过程。

2.3.3.3　加法器

如图 2.3-7 所介绍的加法器电路,是对反相放大器电路的一种扩展,增加接入了几路输入信号。分析该电路时,可使用叠加性原理。

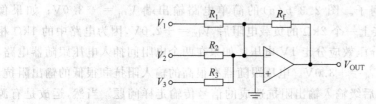

图 2.3-7　加法器示例电路

第一步,令 $V_2 = V_3 = 0$,由于 $V_- = V_+ = 0$(反相输入端处于"虚地"电位),可以将电阻 R_2 和 R_3 从电路中略去。然后,直接引用反相放大器特性公式

$$V_{\text{OUT1}} = -\frac{R_{\text{f}}}{R_1} V_1 \tag{2.3-10}$$

第二步,令 $V_1 = V_3 = 0$,同理可得

$$V_{\text{OUT2}} = -\frac{R_{\text{f}}}{R_2} V_2 \tag{2.3-11}$$

第三步,类似地,同理得到

$$V_{\text{OUT3}} = -\frac{R_{\text{f}}}{R_3} V_3 \tag{2.3-12}$$

第四步,综合以上各步结论,总的输出是它们的代数和。

$$\begin{aligned} V_{\text{OUT}} &= V_{\text{OUT1}} + V_{\text{OUT2}} + V_{\text{OUT3}} \\ &= -\left(\frac{R_{\text{f}}}{R_1} V_1 + \frac{R_{\text{f}}}{R_2} V_2 + \frac{R_{\text{f}}}{R_3} V_3 \right) \end{aligned} \tag{2.3-13}$$

特别地,当 $R_1 = R_2 = R_3 = R$ 时,

$$V_{\text{OUT}} = -\frac{R_{\text{f}}}{R} (V_1 + V_2 + V_3) \tag{2.3-14}$$

有更明显的加和运算特征。

2.3.3.4　差分放大器(减法器)

如图 2.3-8 所示的差分放大器电路有两路输入信号,同样可使用叠加性原理来帮助分析电路原理。

第一步,令 $V_2 = 0$,电路改画为图 2.3-9(a)的形式。信号输入经由 R_1 和 R_2 组成的分压电路之后就是一个同相放大器。参照同相放大器特性式并结合分压公式,输入输出关系式可写作

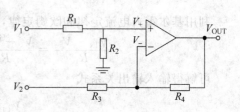

图 2.3-8　差分放大器

$$V_{\text{OUT1}} = \left(\frac{R_2}{R_1 + R_2} V_1 \right) \frac{R_3 + R_4}{R_3} \tag{2.3-15}$$

第二步,令 $V_1 = 0$,电路改画为图 2.3-9(b)的形式,是一个反相放大器电路,容易写出

$$V_{\text{OUT2}} = -\frac{R_4}{R_3} V_2 \tag{2.3-16}$$

第三步,总的实际输出是 V_{OUT1} 和 V_{OUT2} 的代数和

$$V_{\text{OUT}} = V_{\text{OUT1}} + V_{\text{OUT2}}$$

$$= V_1 \frac{R_2}{R_1 + R_2} \frac{R_3 + R_4}{R_3} - V_2 \frac{R_4}{R_3} \tag{2.3-17}$$

特别地,当 $R_1 = R_3$,$R_2 = R_4$ 时,

$$V_{\text{OUT}} = \frac{R_2}{R_1} (V_1 - V_2) \tag{2.3-18}$$

有明显的减法运算特征,或者说对两路输入之差进行放大的效果。

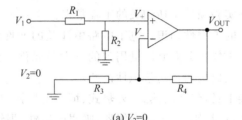

(a) $V_2=0$

(b) $V_1=0$

图 2.3-9 差分放大器的拆分

第 3 章

CHAPTER 3

电子工程常识认知

3.1　本章引言

本章讲授一些与本书实验项目密切相关的工程常识。

首先是关于电子元件的工程性知识。电子电路中涉及的元件种类非常之多，在这里不可能都提及，我们将重点以本书实验项目里用到的三大类元件（分立元件、集成芯片、接插件）作为例子，带领学习者完成最初步的常识性认知。

其次是关于常用焊接工具，包括内热式、外热式、恒温电烙铁、热风枪电焊台；以及其他辅助工具，比如剥线钳、斜口钳、镊子、手动吸锡器、吸锡电烙铁、焊锡、松香、海绵、烙铁架、螺丝刀等。然后介绍焊接技法，包括焊接基本步骤、质量要求、焊接要领、注意事项等。

另外，电子电工实验仪器也是重要的工程工具。为适应初学者的现实程度，我们介绍四种最基础的仪器设备。它们是数字万用表、函数信号发生器、直流稳压电源、示波器。

最后，在本书实验项目中，还用到一些定制或专用的实验配套器材，有必要介绍给学习者逐一认识。

3.2　电子元件认知

3.2.1　分立元件

"分立元件"是与"集成元件"（在下一节介绍）相对的一个概念，一般包括普通的电阻器、电容器、晶体管等非集成的电子元件。分立元件的种类很多，我们仅就本实验中会用到的和比较常用的种类作介绍，包括电阻、电容、电感、二极管、三极管等。

3.2.1.1　电阻

电阻是电气、电子设备中用得最多的基本元件之一。它主要用于控制和调节电路中的电流和电压，或用作消耗电能的负载。电阻的主要物理特征是变电能为热能，也可说它是一个耗能元件，电流经过它就产生内能。电阻在电路中通常起分压、分流的作用。对信号来说，交流与直流信号都可以通过电阻。电阻元件的电阻值大小一般与温度，材料，长度，还有横截面积有关，衡量电阻受温度影响大小的物理量是温度系数，其定义为温度每升高 1℃时电阻值发生变化的百分数。

■　电阻的分类

按照阻值特性，可分为固定电阻、可调电阻、特种电阻（如热敏电阻、光敏电阻等）。

按照制造材料，有碳膜电阻、金属膜电阻、线绕电阻、无感电阻、薄膜电阻等。

按照功能可分为负载电阻、采样电阻、分流电阻、保护电阻等。

按照安装方式可分为插件电阻和贴片电阻。插件电阻是比较常见的电阻类型。贴片电阻（片式电阻）有体积小，精度高，稳定性和高频性能好的特点，适用于高精密电子产品的基板中。而贴片排阻则是将多个相同阻值的贴片电阻制作成一颗贴片电阻，可有效地限制元件数量。图 3.2-1 所示为几种不同外观形态电阻的图例。

图 3.2-1　电阻的不同外观形态图例

■　电阻的主要参数

标称阻值：标在电阻器上的电阻值称为标称值。单位：$\Omega, k\Omega, M\Omega$。标称值是根据国家制定的标准系列标注的，不是生产者任意标定的。常规系列产品中，阻值品种是有限的，并非任意阻值的电阻器都存在。

允许误差：电阻器的实际阻值对于标称值的最大允许偏差范围称为允许误差。误差代码：F、G、J、K…（常见的误差范围是：0.01%，0.05%，0.1%，0.25%，0.5%，1%，2%，5%等）。

额定功率：指在规定的环境温度下，假设周围空气不流通，在长期连续工作而不损坏或基本不改变电阻器性能的情况下，电阻器上允许的消耗功率. 常见的有 1/16W、1/8W、1/4W、1/2W、1W、2W、5W、10W。

■ 国标电阻系列

国家标准规定了 E-24 和 E-96 两大系列的标称阻值电阻。前者是 5％精度的碳膜电阻，后者是 1％精度的金属膜电阻。本书实验中主要选用 E-24 系列电阻。

图 3.2-2 五色环电阻

E-24 系列的标称值如下（单位为欧姆）：

1.0、1.1、1.2、1.3、1.5、1.6、1.8、2.0、2.2、2.4、2.7、3.0、3.3、
3.6、3.9、4.3、4.7、5.1、5.6、6.2、6.8、7.5、8.2、9.1、10、11、12、13、
15、16、18、20、22、24、27、30、33、36、39、43、47、51、56、62、68、75、82、91、100、110、120、130、
150、160、180、200、220、240、270、300、330、360、390、430、470、510、560、620、680、750、820、
910、1k、1.1k、1.2k、1.3k、1.5k、1.6k、1.8k、2.0k、2.2k、2.4k、2.7k、3.0k、3.3k、3.6k、
3.9k、4.3k、4.7k、5.1k、5.6k、6.2k、6.8k、7.5k、8.2k、9.1k、10k、11k、12k、13k、15k、16k、
18k、20k、22k、24k、27k、30k、33k、36k、39k、43k、47k、51k、56k、62k、68k、75k、82k、91k、
100k、110k、120k、130k、150k、160k、180k、200k、220k、240k、270k、300k、330k、360k、390k、
430k、470k、510k、560k、620k、680k、750k、820k、910k、1M、1.1M、1.2M、1.3M、1.5M、
1.6M、1.8M、2.0M、2.2M、2.4M、2.7M、3.0M、3.3M、3.6M、3.9M、4.3M、4.7M、5.1M、
5.6M、6.2M、6.8M、7.5M、8.2M、9.1M、10M、15M、22M

■ 色环电阻值的识别

常见的是 1/8W 的"色环碳膜电阻"，是电子产品和电子制作中用的最多的。图 3.2-2 为一五色环电阻。色环电阻有四个到六个色环，标志着其阻值和精度。色环的不同颜色代表不同的数值。

一般可以按照顺序背诵口诀：黑-棕-红-橙-黄-绿-蓝-紫-灰-白，十种颜色分别按序对应于数字 0 至 9。另外，还用金色、银色和棕色来标记不同的精度或温度系数。色环电阻可依据图 3.2-3 所示表格数字计算其阻值。

4环	第一环 ↓	第二环 ↓		第三环 ↓	第四环 ↓
颜色		读数		倍率	误差
黑	0	0	0	1	—
棕	1	1	1	10	1%
红	2	2	2	100	2%
橙	3	3	3	1k	—
黄	4	4	4	10k	—
绿	5	5	5	100k	0.50%
蓝	6	6	6	1M	0.25%
紫	7	7	7	10M	0.10%
灰	8	8	8	—	0.05%
白	9	9	9	—	—
金	—	—	—	0.1	5%
银	—	—	—	0.01	10%
5环	第一环 ↑	第二环 ↑	第三环 ↑	第四环 ↑	第五环 ↑

图 3.2-3 色环电阻计算表

对于四色环电阻，其阻值标记方法为：

$$阻值 = （第 1 色环数值 \times 10 + 第 2 色环数值） \times 10^{第3色环数值}$$

第 4 色环代表其误差率。

对于五色环电阻,其阻值计算方法为:

阻值＝(第 1 色环数值×100＋第 2 色环数值×10＋第 3 色环数值)×10^{第4色环数值}

第五色环代表其误差率。

六色环其阻值计算方法同五色环。多出来的一环表示的是电阻的温度系数。

例子:红 2 紫 7 棕 1 金±5%

第一环:红——代表 2;第二环:紫——代表 7;第三环:棕——代表 1

注意第三环的"1"并不是"有效数字",而是表示在前面两个有效数字后面添加"零"的个数。

由此看来,这个电阻的阻值应该是 270Ω。

第四环表示电阻的"精度",也就是阻值的误差。金色代表误差±5%,银色代表误差±10%。对 270Ω 而言,±5% 的误差,意味着这个电阻实际最小的阻值是 265.5Ω;最大不会超过 283.5Ω。

3.2.1.2 电容

电容器是一种能储存电荷的容器,是电子设备中大量使用的电子元件之一,广泛应用于隔直、旁路、耦合、滤波、调谐、整流、储能、计时、温度补偿、控制电路等方面。用 C 表示电容,电容单位有法拉(F)、微法(μF)、皮法(pF);$1F＝10^6 μF＝10^{12} pF$。

■ 电容的用途

隔直流:阻止直流通过而让交流通过。

旁路(去耦):为交流电路中某些并联的元件提供低阻抗通路。

耦合:作为两个电路之间的连接,允许交流信号通过并传输到下一级电路。

滤波:实现选频功能。

调谐:对与频率相关的电路进行系统调谐,比如手机、收音机、电视机。

整流:在预定的时间开或者关闭半导体开关元件。

储能:储存电能,必要的时候释放。例如相机闪光灯、加热设备等等。

计时:电容器与电阻器配合使用,确定电路的时间常数。

温度补偿:针对其他元件对温度的适应性不够带来的影响,而进行补偿,改善电路的稳定性。

■ 电容种类

电容器是由两片贴得较近的金属片,中间再隔以绝缘物质而组成的。按绝缘材料不同,可制成各种各样的电容器,如云母、瓷片、纸介、电解电容器等。图 3.2-4 列举了几种不同的电容外观。

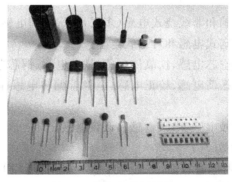

图 3.2-4 电容的不同外观

■ 电容器的关键参数

标称电容量：电容器产品标出的电容量值。云母和陶瓷介质电容器的电容量较低(大约在 5000pF 以下)；纸、塑料和一些陶瓷介质形式的电容器居中(在 $0.005\mu F \sim 1.0\mu F$)；通常电解电容器的容量较大。这是一个粗略的分类法。

类别温度范围：电容器设计所确定的能连续工作的环境温度范围。该范围取决于它相应类别的温度极限值，如上限类别温度、下限类别温度、额定温度(可以连续施加额定电压的最高环境温度)等。

额定电压：在下限类别温度和额定温度之间的任一温度下，可以连续施加在电容器上的最大直流电压或最大交流电压的有效值或脉冲电压的峰值。

■ 小电容容值标示

电容元件体上通常印有数字表示的电容，默认单位就是最小单位，即 pF(皮法拉)。标三位或两位数字的一般是小容量的电容，如标为 333 的小电容，用 3 位数表示，前两位就是有效数字，第三位是幂，即 33×10^3，单位是 pF，即 33 000pF，也就是 $0.033\mu F$。只有两位数字的如 33，是指 33pF。数字中间有个 R 的就代表小数点，如 3R3 就是 3.3pF。

■ 电解电容极性的判别

电解电容的引脚是有正负极的。电解电容外壳上印有一条较粗的竖向白线，白线里面有一行负号，那边的一极就是负极，另一边就是正极。或者，两个引脚，腿长的那根是正极。

用万用电表测时，按容量选挡位。比如，4700pF 左右可以用 10kΩ 电阻挡。容量再小用万用表就很难测了。测试方法是两表笔分别接触两电极，每次测时先把电容器放电。电阻大的那次黑笔接的那一极是正极。

3.2.1.3 电感

电感是用绝缘导线(例如漆包线、沙包线等)绕制而成的电磁感应元件，属于常用元件。电感的基本作用有滤波、振荡、延迟、陷波等。简单地说，它可以通直流阻交流，对交流有限流作用，它与电阻器或电容器能组成高通或低通滤波器、移相电路及谐振电路等。

电感单位：亨(H)、毫亨(mH)、微亨(μH)，1H＝1000mH＝100 000μH。

电感量的标称：直标式、色环标式、无标式。

电感方向性：无方向。

检查电感好坏方法：用电感测量仪测量其电感量；用万用表测量其通断，理想的电感电阻很小，近乎为零。

■ 电感的分类

按结构分为线绕式电感和非线绕式电感(多层片状、印刷电感等)。

按电感形式可分为固定式电感和可调式电感。

按导磁体性质可分为空芯电感、铁氧体电感、铁芯电感、铜芯电感。

按电感的作用可分为振荡电感、校正电感、显像管偏转电感、阻流电感、滤波电感、隔离电感、被偿电感等。

按工作频率可分为高频电感、中频电感和低频电感。

■ 电感的主要特性参数

电感量：表示线圈本身固有特性，与电流大小无关。除专门的电感线圈(色环电感)外，电感量一般不专门标注在线圈上，而以特定的名称标注。

标称电流：指线圈允许通过的电流大小，通常用字母 A、B、C、D、E 分别表示，标称电流值为 50mA、150mA、300mA、700mA、1600mA。图 3.2-5 所示为几种不同外观形态的电感示例。

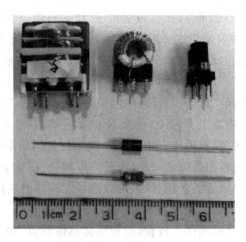

图 3.2-5　电感的不同外观

3.2.1.4　二极管

二极管又称晶体二极管，简称二极管，是最常用的电子元件之一，其最大的特性就是单向导电。在电路中，电流只能从二极管的正极流入，负极流出。二极管的作用很多，可以构成整流电路、检波电路、稳压电路和各种调制电路等。根据其用途可分为检波、整流、调制、限幅、开关、稳压、肖特基、发光、隔离、红外、硅功率二极管等。图 3.2-6 列举了几种不同外观的二极管示例。

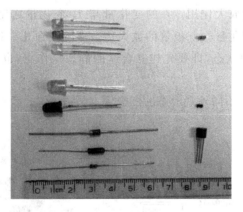

图 3.2-6　二极管的不同外观

■　二极管的主要参数

最大整流电流：二极管长期连续工作时允许通过的最大正向电流值，其值与 PN 结面积及外部散热条件等有关。

最高反向工作电压：加在二极管两端的反向电压高到一定值时，会将管子击穿，失去单向导电能力。为了保证使用安全，规定了最高反向工作电压值。例如，1N4001 二极管反向耐压为 50V，1N4007 反向耐压为 1000V。

反向电流：二极管在规定的温度和最高反向电压作用下，流过二极管的反向电流。反向电流越小，管子的单方向导电性能越好。

■ 二极管方向识别

小功率二极管的 N 极(负极)，在二极管外表大多采用一种色圈标出来。有些二极管也用二极管专用符号来表示 P 极(正极)或 N 极(负极)，也有采用符号标志为"P"、"N"来确定二极管极性的。发光二极管的正负极可从引脚长短来识别，长脚为正，短脚为负。

也可以通过万用表检测二极管正、反向电阻值，从而判别出二极管的电极，还可估测出二极管是否损坏。将万用表置于 R×100 挡或 R×1k 挡，两表笔分别接二极管的两个电极，测出一个结果后，对调两表笔，再测出一个结果。两次测量的结果中，有一次测量出的阻值较大(为反向电阻)，一次测量出的阻值较小(为正向电阻)。用数字式万用表去测二极管，阻值较小时，红表笔接的是二极管的正极，黑表笔接的是二极管的负极。

3.2.1.5　三极管

半导体双极型三极管又称晶体三极管，通常简称晶体管或三极管，它是一种电流控制电流的半导体器件，可用来对微弱信号进行放大和作无触点开关。三极管按材料分有两种：锗管和硅管。而每一种又有 NPN 和 PNP 两种结构形式，但使用最多的是硅 NPN 和 PNP 两种三极管，如图 3.2-7 所示。三极管是一种控制元件，主要用来控制电流的大小。以共发射极接法为例(信号从基极输入，从集电极输出，发射极接地)，当基极电压 U_B 有一个微小的变化时，基极电流 I_B 也会随之有一小的变化，受基极电流 I_B 的控制，集电极电流 I_C 会有一个很大的变化，基极电流 I_B 越大，集电极电流 I_C 也越大，反之，基极电流越小，集电极电流也越小，即基极电流控制集电极电流的变化。但是集电极电流的变化比基极电流的变化大得多，这就是三极管的放大作用。I_C 的变化量与 I_B 变化量之比叫做三极管的放大倍数 $\beta(\beta=\Delta I_C/\Delta I_B$，$\Delta$ 表示变化量)，三极管的放大倍数 β 一般在几十到几百倍。三极管在放大信号时，首先要进入导通状态，即要先建立合适的静态工作点，也叫建立偏置，否则会放大失真。

图 3.2-8 列出了几种不同外观形态的三极管。

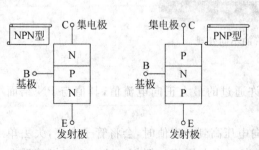

图 3.2-7　三极管结构示意图

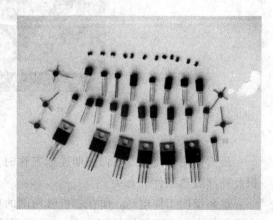

图 3.2-8　三极管的外观形态图例

3.2.1.6 蜂鸣器

蜂鸣器是一种一体化结构的电子讯响器,采用直流电压供电,广泛应用于计算机、打印机、复印机、报警器、电子玩具、汽车电子设备、电话机、定时器等电子产品中作发声器件。蜂鸣器主要分为压电式蜂鸣器和电磁式蜂鸣器两种类型。

根据其内部是否已有振荡源,可分为有源和无源两种类型。有源蜂鸣器内部带震荡源,所以只要一通电就会叫。而无源蜂鸣器其内部不带震荡源,所以如果用直流信号无法令其鸣叫。必须用 2k~5kHz 的方波去驱动它。有源蜂鸣器往往比无源的贵,就是因为里面多个振荡电路。

由于蜂鸣器的工作电流一般比较大,有的单片机的 I/O 口是无法直接驱动的,也有的单片机可以驱动小功率蜂鸣器。如果需要,可以利用三极管来放大电流之后再驱动蜂鸣器。单片机驱动方式有两种:一种是 PWM 波形输出引脚直接驱动,另一种是通过 GPIO 引脚输出定时翻转电平产生驱动波形对蜂鸣器进行驱动。

图 3.2-9 所示为两种不同外观的蜂鸣器。

图 3.2-9　蜂鸣器图例

3.2.2　集成电路芯片

集成电路是为了实现某种功能,把各种电路单元集中到一起的电路,英文叫 IC(Integrated Circuit)。

■ 集成电路的分类方法

依照电路属模拟或数字,可以分为模拟集成电路、数字集成电路和混合信号集成电路(模拟和数字在一个芯片上)。

数字集成电路以微控制器/处理器(含单片机)、数字信号处理器等为代表,工作中使用二进制,处理 1 和 0 信号。

模拟集成电路有集成传感器、电源控制、运算放大器、模拟乘法器等,完成放大、滤波、解调、混频等功能。

■ 封装形式

同一种集成电路也可能有多种不同的外形,即有不同的封装形式。所谓"封装"是一种将集成电路用绝缘的塑料或陶瓷材料打包的技术。现在的主要封装形式有:单列式(SIP/SIL)、双列式(DFN DIP/DIL Flat Pack SO/SOIC SOP/SSOP TSOP/TSSOP ZIP)、四排式(LCC PLCC QFN QFP QUIP/QUIL)和栅阵列式(BGA eWLB LGA PGA)。图 3.2-10 至

图 3.2-15 列出了若干种不同封装形式的芯片或插座。

双列直插式封装（DIP）是最普及的插装型封装，应用范围包括标准逻辑 IC，存储器 LSI，微处理器电路等。引脚从封装两侧引出，封装材料有塑料和陶瓷两种。其引脚中心距通常为 2.54mm（0.1inch），引脚数从 6 到 64。DIP 封装的元件一般会简称为 DIPn，其中 n 是引脚的个数，例如十四针的集成电路即称为 DIP14，图 3.2-10 为 DIP14 的集成电路。除了集成电路常使用 DIP 包装，其他常用 DIP 包装的零件包括排阻、DIP 开关、LED、七段显示器、条状显示器及继电器等。电脑及其他电子设备的排线也常用 DIP 封装的接头。

图 3.2-10　三个 14 针（DIP14）的 DIP 包装 IC

图 3.2-11　16 针、14 针及 8 针的 DIP 插座（socket）

图 3.2-12　soic、ssop 封装图例

图 3.2-13　AD831AP2 in PLCC20（含插座）

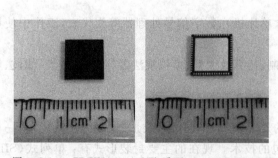

图 3.2-14　CDCE72010（正面 反面）in S-PQFP-N64

图 3.2-15　BGA 封装芯片的管脚

PLCC封装在正方形的封装四边都有接脚,可用插座。QFP封装也是在正方形的封装四边都有接脚,接脚伸展到封装外。BGA封装的芯片是一个面上有很多引脚。它是在一个正方形上面贴满球形触点的阵列。主要在微处理器和ASIC等电路中采用这几种封装。

双列直插或四面排列芯片的管脚编号一般从一个标志点开始,依照逆时针方向递增排序。双列直插芯片一侧有凹槽,从凹槽的这一侧的左下角为第一管脚,沿逆时针方向顺序排列。

阵列式芯片管脚一般按照横纵方向标注数字和字母,按照一个字母加一个数字构成的坐标方式标注管脚。

我们课程实验中使用的几种集成电路大多数是DIP的封装形式。如放大器TLV2372、模拟开关CD4066、单稳态触发器74HC123、单片机MSP430G2553、四位七段数码管,而实验底板上用到的数码管驱动芯片TM1638则是SOP28表面贴装技术。

3.3　实用工具和焊接技法

3.3.1　实用焊接工具和其他辅助工具

电烙铁有很多种,有内热式、外热式、恒温电烙铁等。我们应该根据实际需要结合不同电烙铁的特点选择合适的电烙铁类型。除了电烙铁还有一些其他的辅助焊接工具。下面简单介绍这些不同种类的焊接工具及辅助工具的用途及特点。

■　内热式电烙铁

所谓"内热式"就是指"从里面发热",即烙铁头套在发热体的外部,使热量从内部传到烙铁头,具有热得快,加热效率高,体积小,重量轻,耗电省,使用灵巧等优点,得到普遍应用,特别适合于焊接小型的元器件。缺点是电烙铁头温度高而易氧化变黑,烙铁芯易被摔断,只有20W、35W、50W等几种规格,如图3.3-1所示为内热式电烙铁。

■　外热式电烙铁

所谓"外热式"就是指"在外面发热",因发热电阻在电烙铁的外面而得名。它既适合于焊接大型的元部件,也适用于焊接小型的元器件。由于发热电阻丝在烙铁头的外面,有大部分的热散发到外部空间,所以加热效率低,加热速度较缓慢。但它有烙铁头使用寿命较长、功率较大的优点,有25W、30W、50W、75W、100W、150W、300W等多种规格,如图3.3-2所示为外热式电烙铁。

图 3.3-1　内热式电烙铁

图 3.3-2　外热式电烙铁

■ 恒温电烙铁

在焊接集成电路、晶体管元件时,温度不能太高,焊接时间不能太长,否则就会因温度过高造成元器件的损坏,台式恒温电烙铁(图 3.3-3)可以通过电烙铁头内装有的磁铁式温度控制器对温度进行限制,控制通电时间从而达到控温要求。

图 3.3-3   恒温式电烙铁

■ 热风枪电焊台

热风枪是维修时拆焊接的芯片及元件时常使用的工具,图 3.3-4 所示为一种热风枪和电烙铁二合一的电焊台。

图 3.3-4   热风枪电焊台

■ 剥线钳

图 3.3-5 所示的剥线钳可用于剥除导线外面的塑料皮。没有剥线钳时也可以使用剪刀或者其他工具比如指甲刀、美工刀代替。

■ 斜口钳

图 3.3-6 所示的斜口钳主要用于剪切导线,元器件多余的引线,还常用来代替一般剪刀剪切绝缘套管、尼龙扎线卡等。

■ 镊子

夹取元件或焊接时可使用图 3.3-7 所示的直头镊子或图 3.3-8 所示的弯头镊子来固定元件。

图 3.3-5　剥线钳

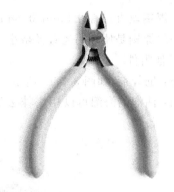

图 3.3-6　斜口钳

图 3.3-7　直头镊子

图 3.3-8　弯头镊子

■　手动吸锡器

焊点焊坏或者需要更换元件时,可以使用吸锡器拆除焊点。图 3.3-9 所示为一种手动吸锡器。

用法:将活塞柄推下卡住,左手持吸锡器,右手拿电烙铁将待拆焊点焊锡融化,把吸头前端对准已经融化的待拆焊点,在焊锡熔化时按下吸锡器中部的按钮,活塞便自动上升,焊锡被吸入筒内。

■　吸锡电烙铁

吸锡电烙铁是将活塞式吸锡器与电烙铁熔为一体的拆焊工具。如图 3.3-10 所示。它具有使用方便、灵活、适用范围宽等特点。

图 3.3-9　手动吸锡器

图 3.3-10　吸锡电烙铁

■　焊锡丝

手工焊接常使用管状的焊锡丝,如图 3.3-11 所示,其内部已装有松香和活化剂制成的助焊剂。焊锡丝直径有 0.5mm、0.8mm、1.0mm 等多种规格,根据焊点大小选用合适的焊锡丝。一般原则是使焊锡丝直径略小于焊盘直径。

■ 其他附件

松香:助焊剂,如图 3.3-12 所示。

海绵:沾湿的海绵可以用来抹去烙铁头上多余的焊锡。令烙铁头清洁,易于上锡,如图 3.3-13 所示。

图 3.3-11　焊锡丝　　　　　图 3.3-12　松香　　　　　图 3.3-13　海绵

烙铁架:烙铁不用时应该要放在烙铁架上,保护烙铁头,养成好习惯,也更加安全。烙铁架如图 3.3-14 所示。

螺丝刀:可用于调整电位器等操作。图 3.3-15 所示为一种常用的一字头螺丝刀。

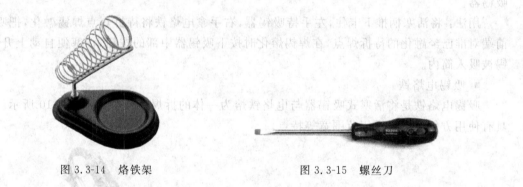

图 3.3-14　烙铁架　　　　　　　　图 3.3-15　螺丝刀

3.3.2　焊接技法介绍

了解实用工具后,我们需要学习如何利用它们完成焊接了。首先焊接前要做一些准备工作。

3.3.2.1　焊接准备

电烙铁的抓握方式常采用握笔式。如图 3.3-16 所示。

新的电烙铁头需要先做挂锡的准备工作。步骤为:加热电烙铁,待刚刚能熔化焊锡时涂助焊剂,再用焊锡均匀地涂在烙铁头上,使烙铁头均匀的吃上一层锡。

氧化了的或锡太多的电烙铁头要做去氧化,挂锡处理。步骤为:加热后用抹布抹掉多余焊锡,之后再重新涂松香并挂一层锡。

导线焊点、焊盘也需要做去氧化处理。步骤为:用细砂纸打磨或用刀刮除导线及元件或插座引脚上的氧化层,PCB板焊盘上涂上助焊剂。

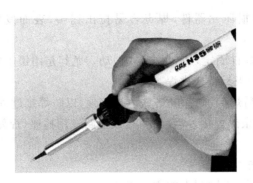

图 3.3-16　握笔式电烙铁抓握方式

3.3.2.2　焊接技法

■　焊接操作的基本步骤

掌握好烙铁的温度和焊接时间,选择恰当的烙铁头和焊点的接触位置,才可能得到良好的焊点。正确的焊接操作过程可以分成五个步骤。

(1) 准备施焊:左手拿焊丝,右手握烙铁,准备焊接。要求烙铁头保持干净,无焊渣等氧化物,并在表面镀有一层焊锡。

(2) 加热焊件:烙铁头靠在两焊件的连接处,同时加热整个焊件全体,持续 1～2 秒钟。对于在印制板上焊接元器件来说,要注意使烙铁头同时接触焊盘和元器件的引线。使之同时均匀受热。

(3) 送入焊丝:焊件的焊接面被加热到一定温度时,焊锡丝从烙铁对面接触焊件。注意,不要把焊锡丝送到烙铁头上。

(4) 移开焊丝:当焊丝熔化一定量后,立即向左上 45°方向移开焊丝。

(5) 移开烙铁:焊锡浸润焊盘和焊件的施焊部位以后,向右上 45°方向移开烙铁,结束焊接。

从第三步开始到第五步结束,时间也是 1～2 秒钟。

■　焊点质量要求

(1) 可靠的电气连接:保证焊点质量是关键,必须避免虚焊。

(2) 机械接触稳固:焊点除了提供电气连接也是固定元器件手段,要保证受到振动冲击时焊点稳固,不会松动脱落。

(3) 外观光洁整齐:焊点应呈锥状或凹形曲线,形似裙形,表面平滑有金属光泽,无锡刺、桥接等现象,锡量适中。

(4) 焊接过程不伤及元件:保证导线及元器件绝缘无损伤。烫伤元件或者加热过久会损害元件寿命。

■　焊接要领

(1) 烙铁头、焊盘、焊点应该同时加热,才能保证焊接点达到以上要求。不要把锡加在烙铁头上用烙铁头作为运载焊料的工具,以避免造成焊料的氧化。

(2) 焊锡用量要适中,焊锡用量太少不能保证可靠连接,可能造成虚焊,引起电路接触不良或断路。用量太多可能与旁边的焊盘接触产生短路。

(3) 焊接时间要合适,时间太短可能使焊点里有松香夹渣,引起虚焊,时间太长则可能使铜箔翘起、焊盘脱落,损坏元器件,焊点容易拉出锡尖,表面发白粗糙,失去光泽,外观变差。

(4) 焊接时要保持焊件固定,切勿移动或振动。尤其是用镊子夹住焊件时,必须等焊锡凝固后再移走镊子,否则极易造成虚焊。

(5) 集成电路应最后焊接,确保电烙铁可靠接地,以防焊接过程中引入静电将集成电路烧坏。可以断电后利用余热焊接,或者使用集成电路专用插座,焊好插座后再把集成电路插上去。

3.3.2.3　拆焊方法

针对不同形式的焊点,拆除焊点的方法也不一样。

单点焊点较易拆除,电烙铁加热需要拆除的点,待焊点被融化时用镊子从背面夹出导线或者元件即可。也可以借助手动吸锡器,更易于拆除单个焊点。

如果焊点之间发生了桥粘连,用电烙铁将粘连部分焊锡加热,待焊锡融化后迅速拨开,将粘连部分的焊锡带走,使两个焊点分离。

拆除多个焊点或者引线较硬的元器件时,则可以借助其他的拆焊工具了。

最常用的是热风枪电焊台。它可以一次完成多引脚元器件的拆焊,如集成电路、变压器等。

也可以使用其他拆焊"工具",如用吸锡带辅助吸取多余焊锡,或者用气囊吸锡器进行拆焊。这里就不一一介绍。

3.3.2.4　注意事项

(1) 焊接完毕时以及新烙铁头使用前清洁烙铁头并给烙铁头上锡,以防出现氧化层。最好选用松香或弱酸性助焊剂,保护烙铁头不被腐蚀。

(2) 烙铁用完后及时断电,勿长时间加热而不使用。否则会使烙铁头加速氧化,使之不易挂锡,电烙铁芯也容易烧坏。

(3) 使用完电烙铁应放在烙铁架上,烙铁电线要注意避免搭在烙铁头上而引起漏电。

(4) 清洁烙铁头时用湿布或浸水海绵擦拭烙铁头,不可将烙铁上的锡乱抛。海绵加适量水保持潮湿,经常清洁以除去锡渣和松香渣。

3.4　常用实验仪器设备的使用

本节介绍四种经常用到的电子电工实验仪器,包括数字万用表、函数信号发生器、直流稳压电源、示波器。

3.4.1　数字万用表

万用表是电工必备的重要工具,有便携式和台式万用表。便携式又分指针式、数字式。有些现代台式万用表可以通过红外线、RS-232 或 IEEE-488 设备总线、以太网、USB 接口等与个人计算机相连。通过这些方式,计算机可以在测量时记录读数,或者从设备把一组结果上传到计算机中。图 3.4-1 为便携式万用表面板图例。图 3.4-2 则为台式万用表面板图例。

现在使用较多的是便携式数字万用表。以下就便携式数字万用表使用做简单介绍。

图 3.4-1　便携式万用表面板图例

图 3.4-2　台式万用表面板图例

3.4.1.1　万用表的基本功能

电源和表笔插孔：AUTO POWER OFF 表示带有自断电功能，省电。一般有 4 个表笔插孔，V/Ω 孔表示测试电流与电阻的，COM 是公共端，即接地端。另外两个是电流测量时的插孔。中间部分的转盘指向不同的测量挡位。

三极管测量：hfe 挡位是用来测试三极管的放大倍数的，在 PNP 与 NPN 端插上三极管，就可以知道三极管的放大倍数。

电容测量：F 挡位表示测试电容的挡位。

电压测量：电压测量挡可以测量直流电压或交流电压的有效值。测量时应将数字万用表与被测电路并联。

电阻测量：电阻在 Ω 挡测量，表笔直接接在电阻两端测，如果显示为 0 说明量程过大，应用小一点的量程。误差允许在 5%～20% 范围内。如果数字为 1 不变化，说明量程过小，应调大一点。也可以用来测试电路是否接通。红黑表笔短接出现 0 说明万用表正常。

该挡位也可以大致判断大容量电容是否正常。将指针放到 20k 的电阻挡，表笔分别接电容的正负极，会看到液晶显示的数字在不断上升变化，当数字停止变化时，说明表内电池给电容充电已好，也可说明电容正常。

也可用该挡位检测三极管状态。一般的三极管其中一个脚与另两个脚有较小的阻值，两表笔反向再测阻值较大，然后再测量这另外两个脚的正反阻值，只要阻值不是太小和通路大概可以表示管子是好的，但不排除例外，依靠实际经验。

电流测量：交流电流挡很少用，测量电流时要串联到电路中，这点一定要注意。

蜂鸣和二极管专用挡：可以测量电路是不是通路，是通路时发生蜂鸣声。红表笔接表内电池正极，黑表笔接表内电池负极。红表笔接二极管的正，黑表笔接负，这时显示数值较小。反过来数值较大。数值较小的就是二极管的导通压降。两次数值都大，二极管短路，两次数值都小，二极管断路。

其他：有些万用表还带有温度检测，使用这个功能必须接入专用的温度探头插线调到温度挡位。

3.4.1.2 万用表使用注意事项

注意 4 个插孔的使用,选择正确的孔。

测试电阻一定要断电。

测量电压时,应将数字万用表与被测电路并联。测电流时应与被测电路串联,测直流量时不必考虑正、负极性。

当误用交流电压挡去测量直流电压,或者误用直流电压挡去测量交流电压时,显示屏将显示"000",或低位上的数字出现跳动。

测试直流电压,防止表笔短路,量程应选大的。满量程时,仪表仅在最高位显示数字"1",其他位均消失,这时应选择更高的量程。如果无法预先估计被测电压或电流的大小,则应先拨至最高量程挡测量一次,再视情况逐渐把量程减小到合适位置。测量完毕,应将量程开关拨到最高电压挡,并关闭电源。

蜂鸣端不能用来测试电压以免损坏。它是用来测试电路是否是通路的。有蜂鸣声就是通路,没有就是电路不通。

尽量选用有过载保护功能的万用表,当测试数值过大时,万用表内保险管熔断,防止损坏万用表。带有自动断电的万用表,可以延长万用表的使用时间。出现电池符号说明电池低电量,需要更换。

若打开电源没有显示,看一下保险管蜂鸣挡是否短路。若是显示手工设置时间则是电源接触不良或损坏,焊一下开关或者予以更换。如果是接触不良,可取下电池,在开关里面滴少许酒精反复擦洗,就可以排除接触不良。

禁止在测量高电压(220V 以上)或大电流(0.5A 以上)时换量程,以防止产生电弧,烧毁开关触点。

测量高电压(超过 36V 以上)或大电流电压,建议测量时单手拿单支表笔,预防短路。

3.4.2 函数信号发生器

信号发生器是指产生所需参数的电测试信号的仪器,又称信号源或振荡器,在生产和科研中有着广泛的应用。它主要用于调试、测试电子电路、电子设备参数。图 3.4-3 为一种函数信号发生器的面板图例。

图 3.4-3 函数信号发生器面板图例

信号发生器可以输出可控的信号。所谓可控信号,主要是指输出信号的频率、幅度、波形、占空比、调制形式等参数都可以人为地控制设定。随着科技的发展,实际应用到的信号形式越来越多,越来越复杂,频率也越来越高,所以信号发生器的种类也越来越多,同时信号发生器的电路结构形式也不断向着智能化、软件化、可编程化发展。

信号发生器可以产生直流和交流信号。按产生的交流信号的波形可分为正弦信号、函数（波形）信号、脉冲信号和随机信号发生器等四大类。正弦信号发生器可以输出高精度、高质量正弦信号尤其是信噪比高的微弱信号；函数信号发生器产生的各种波形曲线均可以用三角函数方程式来表示，能够产生如三角波、锯齿波、矩形波（含方波）等多种高精度标准信号；脉冲信号发生器输出各种标准脉冲波形；随机信号发生器则可以输出噪声信号或者伪随机信号；有的还可以输出自定义任意波形信号。

在实验中我们最常用的是函数信号发生器，用来输出正弦波、方波等。这时要关注几个指标的设置：波形的幅度、频率、直流偏置、输出阻抗等。

设置步骤如下。

（1）开启电源，开关指示灯显示。

（2）选择合适的信号输出形式（方波或正弦波）。

（3）选择所需信号的频率范围，按下相应的挡级开关，适当调节微调器，此时微调器所指示数据同挡级数据倍乘为实际输出信号频率。

（4）调节信号的幅度，适当选择衰减挡级开关，从而获得所需功率的信号。

（5）设置信号的直流偏置和输出匹配模式。

（6）打开输出开关键。

3.4.3　直流稳压源

直流稳压电源（DC Power Supply）是一种电压与电流连续线性可调，稳压与稳流自动切换的高精度直流可调稳压稳流电源。实验中为电路板提供直流供电。常用的直流稳压电源有多路输出，可调节电压输出通道可以连续调节输出的电压，范围可在 0～30V 之间调节。并且有电压和电流微调旋钮用来进行精细的调节。当需要可变电压时，接可调节电压通道的输出口。还有固定电压输出通道，输出固定的 2.5V、5V、3.3V 等电压，这时其输出电流是固定值。当使用固定电压的时候，可以直接接在这些输出通道接口上。图 3.4-4 所示为一种线性直流电源图例。

图 3.4-4　线性直流电源图例

3.4.4　示波器

示波器是一种用途广泛的电子测量仪器，它能把电信号变换成可观察的视觉图形，便于人们研究各种电现象的变化过程。利用示波器能观察各种不同信号幅度随时间变化的波形曲线，还可以用它测试各种不同的电量，如电压、电流、频率、相位差、调幅度等等。

示波器可以分为模拟示波器和数字示波器，模拟示波器以连续方式将被测信号显示出来。数字示波器通过模数转换器（ADC）把被测信号转换为数字信息。数字示波器捕获的是波形的一系列样值，并对样值进行存储，存储限度是判断累计的样值是否能描绘出波形为止，随后，数字示波器重构波形。

对于大多数的电子应用，无论模拟示波器和数字示波器都是可以胜任的，只是对于一些特定的应用，由于模拟示波器和数字示波器所具备的不同特性，才会出现适合和不适合的地方。现在常用的是数字示波器。

我们以 TEKTRONIX 公司 TDS 2012C 示波器为例,对课程里会用到的常用功能做一介绍。该仪器为双通道示波器,可同时观测两路信号的波形。

■ 面板简介

各种牌号的数字示波器面板类似,大同小异。这个面板可分为以下几个区域:垂直调节区、水平调节区、触发设置区、运行功能区、菜单选择区、探头检查区,如图 3.4-5 所示。图 3.4-6 中标示了示波器上主要按键的功能。

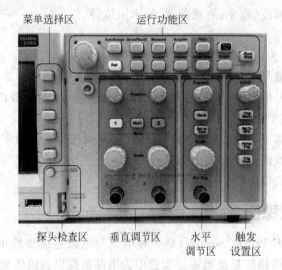

图 3.4-5　示波器面板示意图

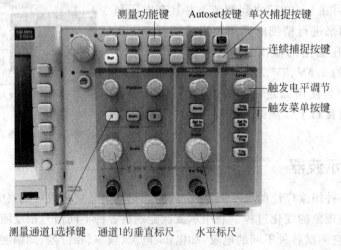

图 3.4-6　示波器主要功能按键

■ 示波器自检

开机后,首先要对数字示波器进行功能检查。先将示波器探头(探头上衰减开关一般设定在×10位置)和地线夹子连接到面板的"探头检查"连接器上。按下 Autoset 按键,若示波器功能正常,屏幕上应该显示频率为 1kHz,幅值为 5V 的方波。

■ 测量模式设置

按测量通道按钮 1 或 2,即可利用菜单按键进一步选择该通道测量时所采用的耦合方式、带宽限制方式、探头衰减方式、Y轴标尺、波形相位等。耦合方式可选直流和交流耦合，一般直流耦合用于测量直流信号。交流耦合用于查看交流波形。带宽限制选项可以对信号的捕获带宽进行限制。开启带宽限制可以抑制高频噪声对捕获信号波形的影响。探头衰减方式选项要和使用的探头的衰减倍数一致。例如，使用设置为×10衰减的探头时，应该在示波器上选择×10的探头衰减模式选项，才能显示正确的测试电压值，如果选的是×1模式，则显示值与实际值相差10倍。

■ 触发设置

用于对被观测波形进行采样的触发模式、触发电平等进行设置。触发模式可以是边沿型、脉冲型等。如果是边沿型触发，可进一步设置上升沿还是下降沿触发。如果是脉冲型触发可以进一步设置捕获脉冲宽度。

■ 信号自动捕获

Autoset按键可以自动完成信号捕捉。可以方便迅速地显示波形。Single完成单次捕捉。Run/Stop按键可以连续实时显示当前的波形。

■ 信号自动测量

按Measure按键进入测量模式，之后用左侧的菜单选择键选择想要测量的通道及测量项，如测量波形的频率、周期、有效值、峰峰值、最小值、最大值等。

3.5　本书实验项目专用实验器材

为方便学习者开展本书的实验项目，我们设计定制了两种实验器材，分别定名为"专用实验底板"（简称底板）和电路搭试板（简称搭试板或"洞洞板"）；还指定选型一种单片机开发板卡，型号是德州仪器（Texas Instruments，简称TI）公司的MSP430G2 LaunchPad。

3.5.1　专用实验底板

图3.5-1示出为本书实验项目设计定制的专用实验底板。该电路板从正面看可分成六个区域，分别可称为供电及电源转换区、LaunchPad插装区、数码管和指示灯区、键盘区、电路搭试板插装A区、电路搭试板插装B区。

3.5.1.1　供电及电源转换区

使用者可以选择USB线缆或香蕉插头式线缆两种方式引入供电。USB线缆引入的是单5V供电，作为板上+5V来源；香蕉插头式线缆引入的需是7.5至12V供电，经该区域中电路转换为5V，作为板上+5V来源。两种供电方式只能选其一，板上有一开关用于切换方式。

上述+5V又经板上另一电路转换为−5V电源。

3.5.1.2　LaunchPad插装区

该位置可插装TI的MSP430G2 LaunchPad板卡（后文介绍）。图3.5-2示出插装LaunchPad板卡后的情形。图中一根专用USB线缆连接该单片机板卡和电脑，进行软件设计开发。

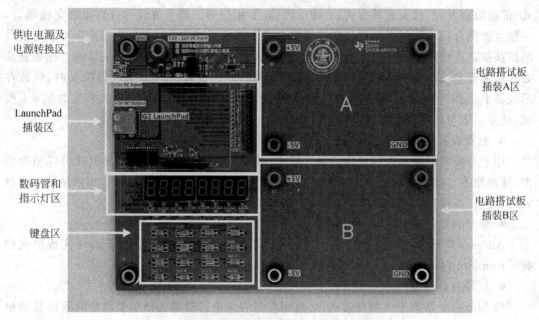

供电电源及
电源转换区

LaunchPad
插装区

数码管和
指示灯区

键盘区

电路搭试板
插装A区

电路搭试板
插装B区

图 3.5-1　专用实验底板例图一

图 3.5-2　专用实验底板例图二

3.5.1.3　数码管和指示灯区

该区域安装有 8 位数码管(带小数点显示)和若干发光二极管指示灯,可受单片机程序控制,显示七段数码或点亮指示灯,用于作品的调试或操作面板的显示功能。

3.5.1.4　键盘区

该区域安放有十六个按键组成的键盘,可被单片机程序读取,统一设计显示和键盘功能,可为实验作品提供人机控制界面。

3.5.1.5　电路搭试板插位 A 区

该位置可以插装一块电路搭试板(下文介绍)。该板上由学习者自己焊装的电路,通过该区域四角的香蕉插座从底板取电。底板可供给+5V 和-5V 两路电源,分别通过该区域左上和左下插座;该区域右下插座可连接到两路电源的公共地。

3.5.1.6　电路搭试板插位 B 区

B 区与 A 区功能和结构相似,可以插装学习者自装的第二块电路,使作品功能更丰富。

3.5.2　电路搭试板

电路搭试板的正反面如图 3.5-3 所示,可见其上密布"洞洞",所以这类器材俗称"洞洞板"。从反面可看到每个洞洞都有一个焊盘,可以将元件或电线的引脚从正面插入洞中,在反面加以焊接,连接成所需电路。所以,其正面又称元件面,反面称焊接面。

图 3.5-3　电路搭试板的正面和反面

一般地,搭试电路还可以用所谓"面包板",元件和导线是插接而不是焊接在板上。但是,面包板上只适合搭装临时性小型电路,比如当天搭好试通即拆的电路。因为搬动造成的机械振动很容易使其上电路连接发生松动,当电路形态规模比较大时,很难查找到接触不良之处。所以,本书实验项目适用洞洞板搭试电路。

3.5.3　LaunchPad 板卡

德州仪器 MSP430 单片机具有超低功耗,高集成度以及易于使用等优点。该公司提供了一款最小系统开发板 MSP430G2 LaunchPad(图 3.5-4),有板载仿真器电路,用户无需使用额外的仿真器,只需直接将其连接到电脑端的 USB,即可进行程序的下载仿真和调试,使用十分方便。本书后续有专门章节详细讲授该款单片机的应用开发方法。

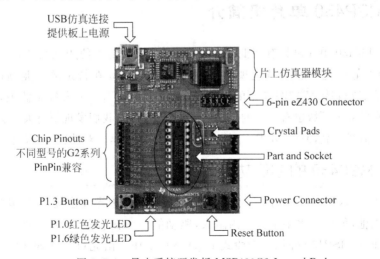

图 3.5-4　最小系统开发板 MSP430G2 LaunchPad

第 4 章　MSP430 应用开发方法的预备训练

CHAPTER 4

4.1　本章引言

前面曾经提到,德州仪器(TI)公司的 MSP430 单片机具有易于使用、超低功耗等优点,是当前主流的单片机产品之一。本章详细讲解该款单片机在本书实验项目中的应用开发方法。

CCS 是 TI 公司提供的可针对 MSP430 的软件集成开发环境,是一套运行于个人电脑上的开发工具软件。本章将介绍 CCS 的安装和初步使用方法。

为降低初学者编写单片机程序的难度,我们提供一套"示例程序"(或称"范例程序")作为学习的起点。本章将通过一系列实训步骤,示范如何用 CCS 对范例程序进行编辑和编译,如何将编译结果下载(俗称"烧写")至单片机芯片中;带领学习者初步掌握 MSP430 单片机软件程序的开发环境、调试步骤,了解单片机 C 语言的基本特点。

由于本章重在实训演示,学习者若想超越本书实验项目,全面深入掌握 MSP430 单片机应用技术,详细了解单片机 C 语言,则应进一步阅读更多的相关工程文献(本章将有所提及)。

4.2　MSP430 单片机简介

德州仪器 MSP430 单片机具有超低功耗,高集成度以及易于使用三大特点。如图 4.2-1 所示,作为业界在低功耗上有卓越表现的产品系列,MSP430 在特定的工业领域被广泛使用。例如水电表、流量计,便携医疗中的血糖仪,电子温度计等;个人健康监测,遥控器等。此外在新兴的能量采集领域也有广泛的应用。纵观这些应用,我们发现所有大部分应用,不论是工业还是电子消费产品,使用 MSP430 的多是便携式的产品,即对功耗有较高的要求。

4.2.1　MSP430 的超低功耗

如图 4.2-2 所示,我们可以用一个苹果,将其切开,之间用导线连接,这样就制作出一个最简单的水果电池,但因为水果电池的内阻大,驱动能力会比较差。不过,即使是这样的水果电池也可以驱动 MSP430 外加一个段式 LCD 显示工作。由此可见 MSP430 的功耗低到何种程度。实际上,在工业水电表的应用中,使用纽扣电池供电,MSP430 可以保证整个设备工作 6 年而无需更换电池。那么 MSP430 是如何实现如此低的功耗呢?

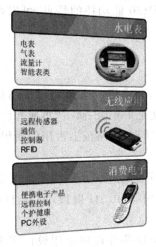

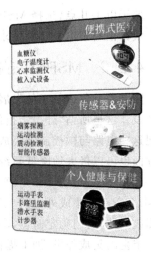

图 4.2-1　MSP430 在工业领域被广泛使用

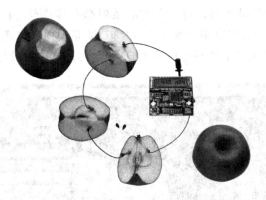

图 4.2-2　最简单的水果电池驱动的单片机系统

MSP430 实现低功耗主要有以下三个因素。

■ 超低 Active 功耗

在 MSP430 芯片设计过程中，保证了芯片在正常工作模式（Active 模式）下的超低功耗。MSP430 在 Active 模式下的功耗基本在 μA 级别/MHz，不同的系列之间略有差别。采用了新的存储技术的 FRAM 系列，其功耗有显著的降低，约降低至普通 Flash 存储系列 MSP430 的三分之一。

■ 7 种可配置的低功耗模式 LPM

Active 模式下的低功耗为低功耗系统设计提供了可能性。MSP430 另外提供了多达 7 种的灵活可配置低功耗模式，可以适应不同的设计需求，提供最大化的低功耗设计。这也是降低功耗的最主要的一个因素。实际上，在大多数的设计中，处理器处于低功耗模式的时间可长达 99%～99.9%。

■ 短暂可靠的唤醒时间

MSP430 提供短暂可靠的唤醒时间。例如 MSP430F5 系列可以在大约 6μs 的时间内从 LPM3 切换到 Active 模式。即时唤醒使得处理器可以更长时间地处在低功耗模式，从而进一步降低系统的功耗。

鉴于以上几点,选择 MSP430 并合理设计,充分发挥 MSP430 低功耗的特点,可以帮助用户设计出对节电有特别要求的产品。

4.2.2 MSP430 的集成外设

随着芯片集成技术的发展,微控制器不再是单独的 CPU,而是集成有各类模拟和数字的外设。这里所谓"外设",指的是 CPU 的一些外围电路,英文是 Peripheral;"集成外设"是指把这些电路与微控制器集成在同一块芯片中,一方面降低它们在电路板上占用的面积,另一方面也可以极大地降低系统设计的难度。

如图 4.2-3 所示,MSP430 系列有丰富的片内模拟和数字集成,除了多种配置可选的 Flash 和 RAM 集成外,还包括电容式触摸 I/O,定时器,2.0USB,Sub 1G 射频,ADC,DAC,运算放大器,看门狗定时器,串行通讯模块,实时时钟等。

丰富的集成外设,加上提供的丰富例程(厂商提供的、关于这些外设的应用设计实例程序),可以帮助初学者更快上手开始单片机的设计和开发。

MSP430 包括多个产品系列。每一个产品系列都有其特点,内部的集成外设可能各有不同,以适合特定工业场合的应用。例如 MSP430 F4 系列内部集成有段式 LCD 的驱动,这对于水电表的应用来讲可以节省外部段式 LCD 驱动芯片电路的设计,简化设计,降低成本。

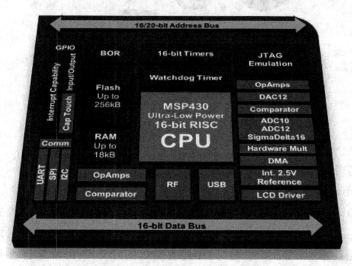

图 4.2-3 MSP430 单片机内部模块

4.2.3 MSP430 的软件开发工具

单片机的设计工作离不开开发软件平台,多种软件工具均支持 MSP430 的开发,包括 CCS(可以在 www.ti.com 免费下载使用),IAR,以及 Linux 下可以使用的 GCC 等。

本书实验项目将指定使用 CCS,后续章节有详细讲解。

4.2.4 MSP430 的 G2 系列及其最小系统开发板

在本书实验中,将使用 MSP430 的 G2 系列。这个系列的性价比高,其设计的初衷是以 8 位单片机的价格实现 16 位单片机的性能。对于初学者而言,其相对简单的内部结构也更容易上手。

　　为方便开发者快速开展工作,TI 提供了一款 MSP430G2 的最小系统开发板,名为 MSPG2 LaunchPad(以下简称"LaunchPad 板卡"或"LaunchPad"),如图 4.2-4 所示。可以看到中间位置为直插封装的 MSP430G2 芯片,其所有引脚都被引出至旁边两排插针,便于自定义设计。板子上方的电路为板载仿真器电路,用户无需使用额外的仿真器,只需直接将其连接到电脑端的 USB,即可进行程序的下载仿真和调试。有关 LaunchPad 板卡的详细资料可以参阅 TI 公司提供的 LaunchPad User's Guide 原版资料。

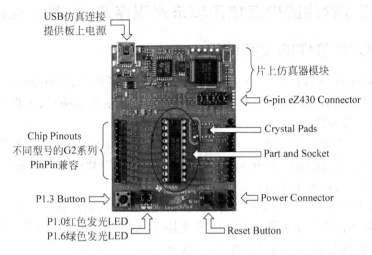

图 4.2-4　最小系统开发板 MSP430G2 Launchpad

　　MSP430G2 具有与 MSP430 系列同样的低功耗优势,其在待机模式下的功耗仅 $0.8\mu A$。其内部集成包括容量可选的系统内可编程 Flash、16 位的定时器、串行通信模块、10 位 DAC 等。

　　MSP430 的 CPU 采用的是经典的精简指令集(RISC),其内部包括 4 个专用寄存器,12 个通用寄存器。与传统 51 系列单片机相比,MSP430 摆脱了累加器的瓶颈。

　　作为一个 16 位单片机,可以看到 MSP430G2 的 Flash 最高地址位为 0XFFFF。MSP430G2 的主存储单元在擦除时,无法按单个字节进行删除,其基本擦除单元为 512 个字节,即一个段。在 MSP430G2 内有一段被定义为 Information Memory 的存储段,该段内存储的是一些设备相关的信息,包括序列号等。需要注意的是其中 A 段中存储的是芯片的校准信息,一般情况下是只读的。但在早期的 G2 芯片中是可以对该段进行写操作的,这点在使用时要特别注意。

　　MSP430G2 的外设相对比较简单,但对于基本的系统设计已完全适用,合理地利用 MSP430G2 的内部外设可以简化设计。

　　MSP430G2 的外设包括:

- 通用 I/O,每个独立可编程,内部集成有独立可编程的上拉/下拉电阻。在 MSP430G2 的 I/O 口中集成了一个创新的外设——电容触摸,这个外设可以帮助用户非常简单地进行电容触摸按键的设计。
- 16 位定时器,包括 3 个捕获/比较寄存器,提供丰富的中断功能,使系统响应更及时的同时占据更少的资源。

- 增强型看门狗寄存器,看门狗的用途在于当程序"跑飞"的时候及时复位,增强型看门狗可以在该功能不需要的时候作为普通定时器使用。
- 欠压复位单元,在电池供电时为系统提供准确的复位信号。
- 串行通信单元,MSP430G2 支持 I2C,SPI,UART 硬件通信。
- 10 位 SAR 型 ADC,其比特率为 200ksps,支持中断,降低系统消耗。

4.3 CCS 软件的安装使用和示例程序 Demo1forLaunchPad.c

4.3.1 CCS 软件的安装使用

CCS(Code Composer Studio)是 TI 公司推出的集成开发环境 IDE(Integrated Development Environment),支持所有 TI 公司的处理器的开发,包括程序文本编辑、工程管理、程序编译、代码下载、调试等功能。

CCS 可从 TI 中国官网上下载。CCS 为收费软件,但是可下载它的评估试用版(限制 30 天试用期),或者是无使用期限,但有 16KB 代码长度限制的免费版本。本书实验所编代码长度有限,所以完全可以使用免费版 CCS。

在个人电脑上下载 CCS 后,按照一般步骤安装即可。要特别注意的是不要使用带中文的路径,否则程序可能会发生编译错误。CCS 支持 TI 的所有处理器,种类较多,可以根据你使用的类型选择安装,不必全装,如图 4.3-1 所示。

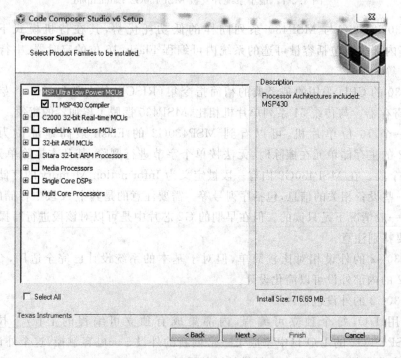

图 4.3-1 CCS 软件的选择安装

安装成功后首次打开 CCS 界面如图 4.3-2 所示。

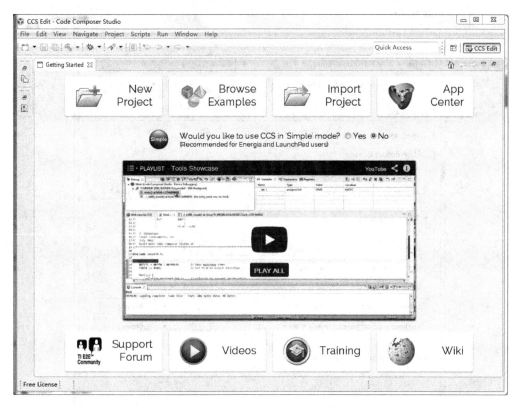

图 4.3-2　CCS 首次执行时开始界面

选择 New Project 创建新的工程(图 4.3-3)。输入新工程的名字,选择输出类型为可编译执行文件,目标器件要选择实验中使用的 MSP430G2553。

如果要引入一个已有的工程,可以用 File→Import 命令,选择 CCS project。

下面,我们通过比较完整的步骤,引入第一个示例程序 demo1forLaunchPad.c,学习程序的编译下载过程。

该示例程序功能很简单,就是在上电后点亮板上的绿色灯 LED2,按下按键 P1.3 后,绿灯灭,旁边的红灯 LED1 被点亮。

以下是编译执行步骤。

Step1:打开 CCS 软件,选择工作目录。图 4.3-4 中我们在 C:\Users\eelab\Desktop 子目录下定义名为 demo 的工作目录。

Step2:新建立一个工程 demo1,将 demo1forLaunchPad.c 程序文件添加到该工程中。具体做法是:单击左上角 File 菜单→New→CCS Project(图 4.3-5),弹出 CCS Project 对话框(图 4.3-6),Target 选项中选择我们要用到的单片机系列 MSP430Gxxx Family(图 4.3-7),选择具体单片机型号 MSP430G2553(图 4.3-8),在 Project name 栏里输入新建工程的名字 demo1(图 4.3-9),左下角的 Project templates and examples 中选择 Empty Project(图 4.3-10),之后单击"确认"就建好了一个新的名字为 demo1 的工程(图 4.3-11)。

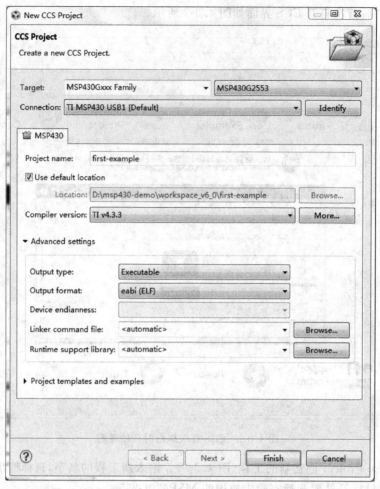

图 4.3-3　CCS 中创建新工程

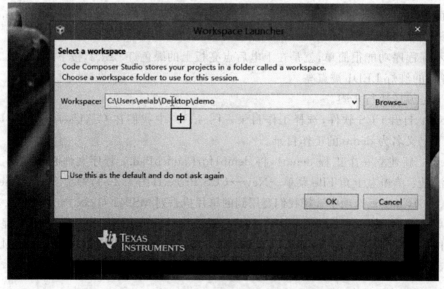

图 4.3-4　打开 CCS 软件,选择工作目录

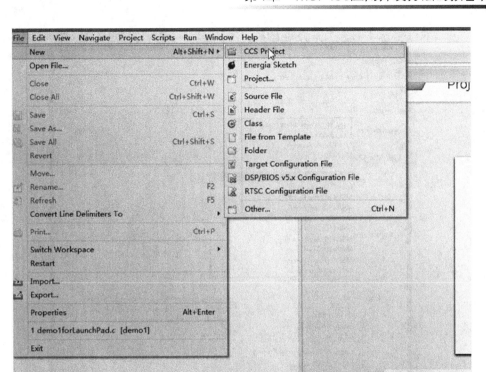

图 4.3-5　新建立一个工程 demo1(1)

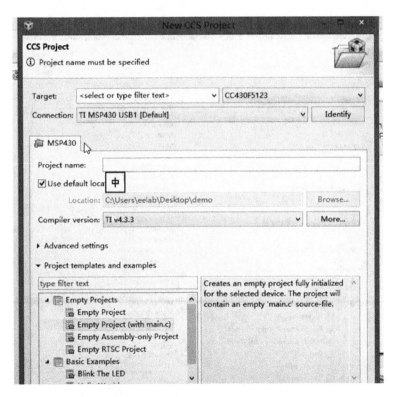

图 4.3-6　新建立一个工程 demo1(2)

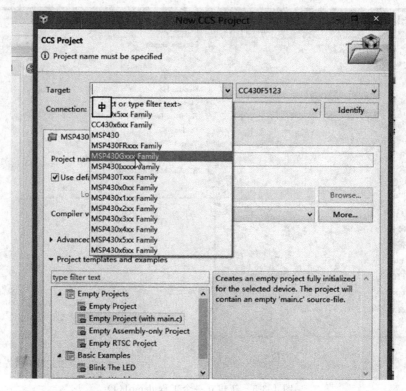

图 4.3-7　新建立一个工程 demo1(3)

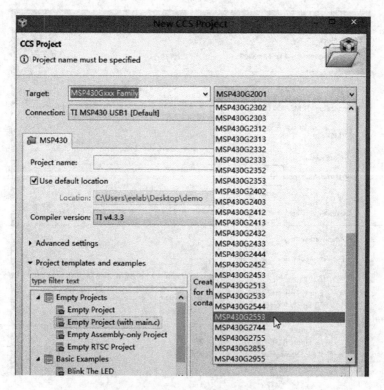

图 4.3-8　新建立一个工程 demo1(4)

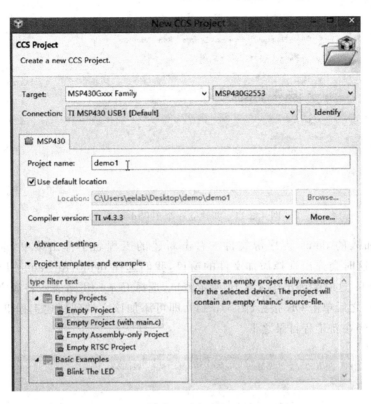

图 4.3-9 新建立一个工程 demo1(5)

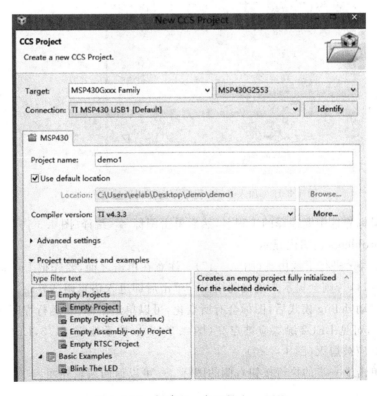

图 4.3-10 新建立一个工程 demo1(6)

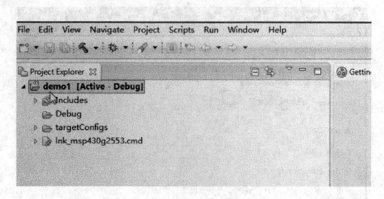

图 4.3-11 新建立一个工程 demo1(7)

Step3：加入的 demo 程序源文件。右击新建的工程名字弹出菜单，选择 Add Files（图 4.3-12）；这时会弹出选择添加文件的窗口，我们选择 demo1forLaunchPad.c，单击"打开"（图 4.3-13）；这时会弹出图 4.3-14 所示窗口，选择 Copy files，表示将源文件 copy 到当前工作目录下，之后单击 OK 按钮（图 4.3-14），即可添加该文件到新建工程里。由图 4.3-15 可见该程序已经在新工程目录之下。

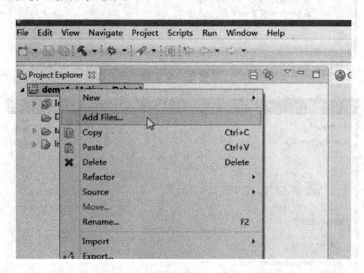

图 4.3-12 加入 demo 程序源文件到新建工程里(1)

Step4：鼠标先选中要编译的工程名，然后单击图标 🔧▾ 编译（图 4.3-16）。如有错误，编译错误会在 problems 窗口内显示。

单击图标 🐞▾ 进行下载仿真（图 4.3-17）。注意在单击之前，要先把 LaunchPad 板连接到 PC 的 USB 口，否则会提示未连接的错误。单击后即进入仿真调试界面。

Step5：启动 debug 模式后，图标会有所变化，可以单击图标 ▷ 运行程序（图 4.3-18）。

观察板上，可见 LED2 绿灯应被点亮（图 4.3-19）；按下按键 P1.3，LED1 红灯应被点亮，LED1 绿灯应被熄灭（图 4.3-20）。

Step6：单击上一步的执行按钮右侧的图标 ■ 可以返回编辑界面。

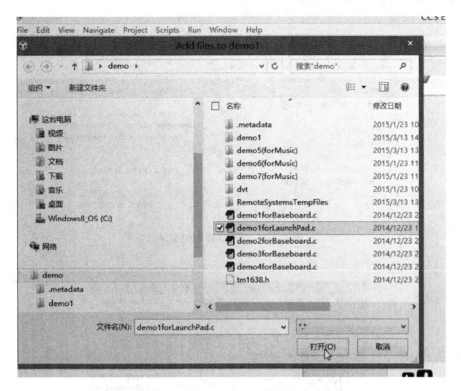

图 4.3-13 加入 demo 程序源文件到新建工程里(2)

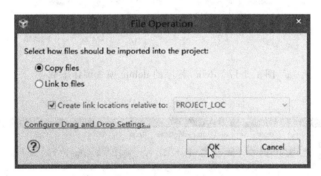

图 4.3-14 加入 demo 程序源文件到新建工程里(3)

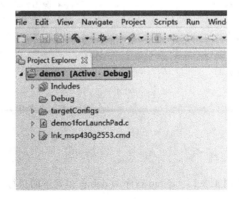

图 4.3-15 加入 demo 程序源文件到新建工程里(4)

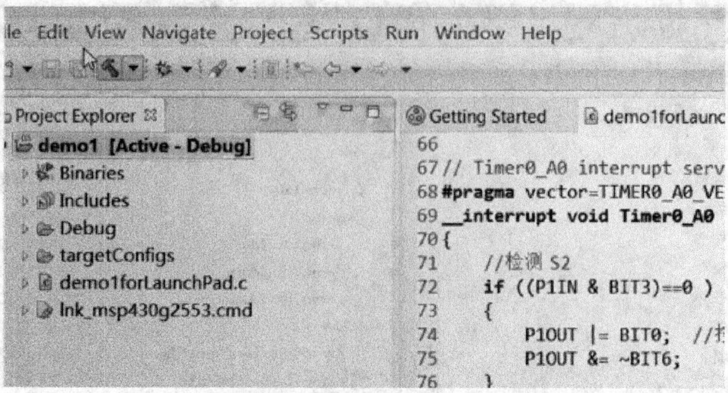

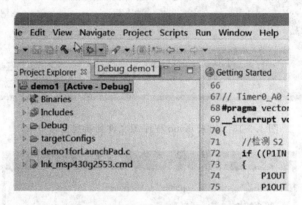

图 4.3-16 demo 程序的编译

图 4.3-17 demo 程序的 debug 模式编译下载

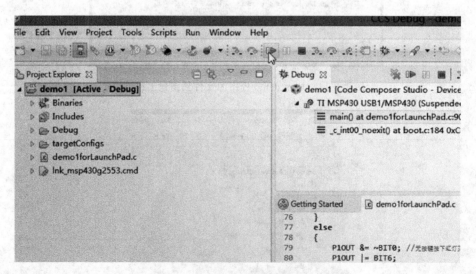

图 4.3-18 demo 程序的 debug 模式下的执行

图 4.3-19　demo 程序执行效果(未按按键绿灯亮)

图 4.3-20　demo 程序执行效果(按键按下红灯亮)

4.3.2　解析示例程序 Demo1forLaunchPad.c

示例程序 Demo1forLaunchPad.c 的源代码清单如下(为方便说明左侧标有行号):

```
1    //本程序时钟采用内部 RC 振荡器。   DCO：8MHz,供 CPU 时钟；SMCLK：1MHz,供定时器时钟
2    # include <msp430g2553.h>
3
4    /////////////////////////////
5    //        系统初始化        //
6    /////////////////////////////
7
8    //   GPIO 端口和引脚初始化
9    void Init_Ports(void)
10   {
11       P1DIR &= ~BIT3;            //P1.3 设置为输入
```

```
12        P1REN |= BIT3;                //P1.3 接上拉电阻
13        P1OUT |= BIT3;
14
15        P1DIR |= BIT0 + BIT6;         //P1.0、P1.6 设置为输出,分别控制绿灯和红灯
16 }
17
18 //    MCU 器件初始化,会调用 Init_Ports 函数
19 void Init_Devices(void)
20 {
21        WDTCTL = WDTPW + WDTHOLD;       //Stop watchdog timer,停用看门狗
22        if (CALBC1_8MHZ ==0xFF || CALDCO_8MHZ == 0xFF)
23        {
24            while(1);                  //If calibration constants erased,trap CPU!!
25        }
26
27        //设置时钟,内部 RC 振荡器。DCO:8MHz,供 CPU 时钟;SMCLK:1MHz,供定时器时钟
28        BCSCTL1 = CALBC1_8MHZ;         //Set range
29        DCOCTL = CALDCO_8MHZ;          //Set DCO step + modulation
30        BCSCTL3 |= LFXT1S_2;           //LFXT1 = VLO
31        IFG1 &= ~OFIFG;                //Clear OSCFault flag
32        BCSCTL2 |= DIVS_3;             //SMCLK = DCO/8
33
34        Init_Ports();                  //调用函数,初始化 I/O 口
35        //all peripherals are now initialized
36 }
37
38 ////////////////////////////////////
39 //             主程序
40 ////////////////////////////////////
41
42 int main(void)
43 {
44        Init_Devices();                //调用 Init_Devices 函数
45
46        while(1)                       //死循环
47        {
48            //检测 与 P1.3 相连的 S2 按钮
49            if ((P1IN & BIT3)==0 )      //S2 按下,P1.0 逻辑值为 0,否则为 1
50            {    //若 S2 按键按下,则控制红灯亮、绿灯灭
51                P1OUT |= BIT0;         //红灯由 P1.0 连接并控制
```

52	P1OUT &= ~BIT6; //绿灯由 P1.6 连接并控制
53	}
54	else
55	{ //若 S2 按键未按下,则控制红灯灭、绿灯亮
56	P1OUT &= ~BIT0;
57	P1OUT | = BIT6;
58	}
59	}
60	}

列表 4.3-1 详细解析该示例程序。

表 4.3-1 示例程序 Demo1forLaunchPad. c 的解析

行号	内　容	说　明
1	注释符//	与标准 C 语言一样,//之后回车符之前的所有字符为注释
2	# include ＜msp430g2553. h＞	编译伪指令,声明与单片机具体型号相对应的头文件名。在本书实验中,始终不用改变
8～16	单片机 P1 口的工作寄存器符号 P1DIR、P1REN、P1OUT	MSP430 单片机 GPIO 端口的结构和功能需见 TI 提供的 MSP430x2xxx Family User's Guide 原版资料
	设置 P1.3 端口引脚为输入 P1DIR &= ~BIT3; P1REN|=BIT3; P1OUT|=BIT3;	在本书实验中,该段可以作为将某一 GPIO 端口设为输入的代码范例
	设置 P1.0 和 P1.6 端口引脚为输出 P1DIR|=BIT0+BIT6;	也可以分两条写作: P1DIR|=BIT0; P1DIR|=BIT6; 在本书实验中,该段可以作为将某一 GPIO 端口设为输出的代码范例
21～32	WDTCTL=WDTPW+WDTHOLD; if (CALBC1_8MHZ == 0xFF || CALDCO_8MHZ==0xFF) { while(1); } BCSCTL1=CALBC1_8MHZ; DCOCTL=CALDCO_8MHZ; BCSCTL3|=LFXT1S_2; IFG1&=~OFIFG; BCSCTL2|=DIVS_3;	对 MCU 工作方式的最基本设置。详细解释需见 MSP430x2xxx Family User's Guide 原版资料。在本书实验中,可始终不用改变

续表

行号	内　容	说　明
	主函数 main(void)	每当 MCU 复位后,自动回到 main 函数入口开始执行程序
	Init_Devices();	在本例中,Init_Devices 函数在每次系统复位后被执行一次,完成对系统的初始化
	无条件循环 while(1)	死循环。单片机程序有始无终,只要系统处于运行状态,一直循环执行该循环体的程序
42~60	检测 P1.3 引脚输入信号的逻辑表达式 P1IN & BIT3	硬件电路中 P1.3 引脚与按钮 S2 相连。按下 S2 使 P1.3 引脚(之前已被设为输入引脚)低电平,该表达式逻辑值得 0;否则为 1。该句可作为检测某一 GPIO 输入引脚信号状态(高、低电平)的代码范例
	P1OUT|=BIT0;	从 P1.0 引脚(之前已被设为输出引脚)输出高电平,硬件电路上与之相连的红色 LED 灯点亮。该句可作为从某一 GPIO 输出引脚输出高电平信号的代码范例
	P1OUT&=~BIT6;	从 P1.6 引脚(之前已被设为输出引脚)输出低电平,硬件电路上与之相连的绿色 LED 灯熄灭。该句可作为从某一 GPIO 输出引脚输出低电平信号的代码范例

4.4　专用实验底板电路工作方式和使用方法

在第 3 章专用实验器材一节,已经简要介绍了为本书实验项目设计定制的专用实验底板(后文简称实验底板,或底板)。实验底板提供对 LaunchPad 单片机板和电路搭试实验板的机械承载和电气连接功能,可以使得实验作品电路机械结构稳固紧凑,并通过底板走线为各部分电路提供电源。

该电路板从正面看如图 4.4-1,可分成六个区域,分别称为供电电源及电源转换区、LaunchPad 插装区、数码管和指示灯区、键盘区、电路搭试板插装 A 区、电路搭试板插装 B 区。

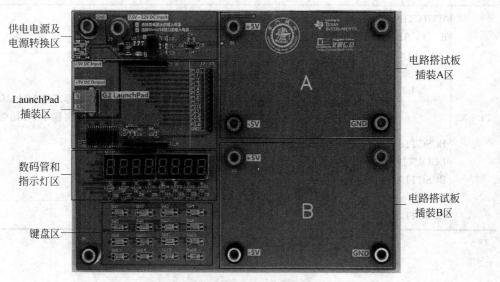

图 4.4-1　实验底板正面实物图

4.4.1 专用实验底板电路的工作方式

图 4.4-2 展示了实验底板电路的组成框图。从电路组成结构看，大致可以分为供电及电源转换电路和单片机扩展电路两个部分。

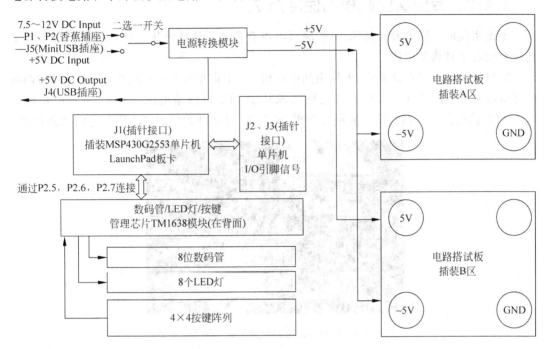

图 4.4-2　实验底板电路组成框图

4.4.1.1　供电及电源转换电路

这里的"供电"是指外部电源引入。底板电源可以有两种输入方式，通过一个"二选一开关"选择。一是可以通过 P1/P2 香蕉插座，用引线外接 7.5～12V 直流电源，通常来自高校实验室常备的台式直流稳压电源设备；二是可以通过 J5 mini USB 插口用 USB 线缆外接 +5V 直流电源，通常来自个人电脑的 USB 插口。

外部电源经过电源转换模块输出正负 5V 两路板上直流电源，连接到两个电路搭试板区域，为插装在该区的学习者自制实验电路提供电源。

底板上还有编号 J4 的 USB 插座，提供 +5V 直流输出。该设计可以用来为插在底板上的 LaunchPad 板卡供电，并间接为单片机扩展电路供电，具体用法见后文详细说明。

4.4.1.2　单片机扩展电路

底板为 LaunchPad 板卡提供插装位置，LaunchPad 板卡单片机的 I/O 引脚已经通过一排插针引出。做实验时可以通过杜邦线，与学习者自制的电路相连。

底板还为单片机提供了必要的外设扩展。这些扩展电路包括十六个按键(排列成 4×4 阵列)、八个七段数码管和八个双色 LED 灯，可以为实验电路提供更好的人机操作方式。扩展电路以 TM1638 集成芯片为核心器件，由 TM1638 管理数码管显示、LED 灯亮灭和检测按键情况。硬件电路上，MSP430 单片机通过 GPIO 引脚 P2.5、P2.6、P2.7 与 TM1638 芯片相连，可通过单片机程序控制 TM1638。扩展电路的直接供电(+3.3V)来自于 LaunchPad

板卡。

与控制 TM1638 芯片有关的单片机程序段被封装为一个头文件 tm1638.h。普通学习者无须改写该部分程序，所以在本节末我们仅列出代码清单，供有需要时参考。

4.4.2 专用实验底板的使用方法

根据实验的不同内容和目标，实验底板可以有多种灵活的使用方法（供电方法）。以下选择介绍若干种典型用法。

如果仅调试自制搭试电路，无须用到单片机，则可采用图 4.4-3 和图 4.4-4 展示的两种外部供电方式。图 4.4-3 由台式直流稳压源从 P1/P2 口供给电源，图 4.4-4 则改用电脑 USB 口供给电源。自制电路从底板可获得+5V 和−5V 两种电源，GND 是它们的公共地。

图 4.4-3 单纯调试自制电路的第一种供电方式

图 4.4-4 单纯调试自制电路的第二种供电方式

如果无须连接自制搭试电路，仅测试单片机程序，可采用图 4.4-5 展示的连接方式。电脑通过 USB 线缆连接 LaunchPad 板，可以向单片机下载程序，也向 LaunchPad 板卡供电。LaunchPad 向底板上单片机扩展电路供电（+3.3V）。

当单片机和自制搭试电路开展系统联调，此过程中需要通过电脑调试单片机程序。图 4.4-6 中有两条 USB 线缆。一条是单片机与电脑间的连线；另一条由电脑 USB 口向底板供电，间接向自制电路供电。

当实验电路调试完毕，实验作品可以正常加电运行时，可以采用图 4.4-7 的连接方式。图中仍用到两条 USB 线缆。此时电脑仅作为供电设备，由其 USB 口通过一条线缆向底板

图 4.4-5　单纯调试单片机程序的连接方式

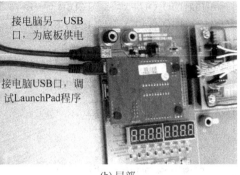

接电脑另一USB
口，为底板供电

接电脑USB口，调
试LaunchPad程序

(a) 全景　　　　　　　　　　　　　　　(b) 局部

图 4.4-6　系统联调的连接方式

供电；另一条线缆连接 LaunchPad 板卡和底板的 J4 插座，由底板为 LaunchPad 供电，间接也为单片机扩展电路供电。

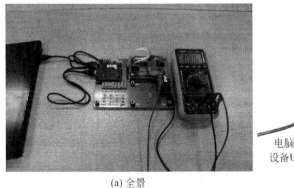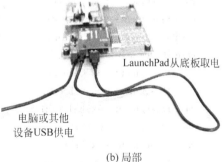

LaunchPad从底板取电

电脑或其他
设备USB供电

(a) 全景　　　　　　　　　　　　　　　(b) 局部

图 4.4-7　调试完成的系统上电运行

4.4.3　tm1638.h 代码清单

tm1638.h 代码清单如下（左侧标有行号）：

1	# ifndef　_TM1638_H
2	# define　_TM1638_H

```
3
4     #include  "msp430g2553.h"
5
6     //用于连接 TM1638 的单片机引脚输出操作定义
7     #define DIO_L          P2OUT &= ~BIT5          //P2.5＝0
8     #define DIO_H          P2OUT |= BIT5           //P2.5＝1
9     #define CLK_L          P2OUT &= ~BIT7          //P2.7＝0
10    #define CLK_H          P2OUT |= BIT7           //P2.7＝1
11    #define STB_L          P2OUT &= ~BIT6          //P2.6＝0
12    #define STB_H          P2OUT |= BIT6           //P2.6＝1
13    #define DIO_IN         P2DIR &= ~BIT5          //P2.5 设置为输入
14    #define DIO_OUT        P2DIR |= BIT5           //P2.5 设置为输出
15    #define DIO_DATA_IN    P2IN & BIT5
16
17    //将显示数字或符号转换为共阴数码管的笔画值
18    unsigned char TM1638_DigiSegment(unsigned char digit)
19    {
20        unsigned char segment＝0;
21        switch (digit)
22        {
23        case 0:segment＝0x3F;break;
24        case 1:segment＝0x06;break;
25        case 2:segment＝0x5B;break;
26        case 3:segment＝0x4F;break;
27        case 4:segment＝0x66;break;
28        case 5:segment＝0x6D;break;
29        case 6:segment＝0x7D;break;
30        case 7:segment＝0x07;break;
31        case 8:segment＝0x7F;break;
32        case 9:segment＝0x6F;break;
33        case 10:segment＝0x77;break;
34        case 11:segment＝0x7C;break;
35        case 12:segment＝0x39;break;
36        case 13:segment＝0x5E;break;
37        case 14:segment＝0x79;break;
38        case 15:segment＝0x71;break;
39        case '_':segment＝0x08;break;
40        case '一':segment＝0x40;break;
41        case ' ':segment＝0x00;break;
42        case 'G':segment＝0x3D;break;
43        case 'A':segment＝0x77;break;
44        case 'I':segment＝0x06;break;
45        case 'N':segment＝0x37;break;
46        case 'F':segment＝0x71;break;
```

```
47    case 'U':segment=0x3E;break;
48    case 'L':segment=0x38;break;
49    case 'R':segment=0x50;break;
50    case 'E':segment=0x79;break;
51    case 'D':segment=0x5E;break;
52    case 'Y':segment=0x6E;break;
53    default:segment=0x00;break;
54    }
55
56    return segment;
57 }
58
59
60 //TM1638 串行数据输入
61 void TM1638_Serial_Input(unsigned char DATA)
62 {
63    unsigned char i;
64    DIO_OUT;                              //P2.5 设置为输出
65    for(i=0;i<8;i++)
66    {
67        CLK_L;
68        if(DATA&0X01)
69            DIO_H;
70        else
71            DIO_L;
72        DATA>>=1;
73        CLK_H;
74    }
75 }
76
77 //TM1638 串行数据输出
78 unsigned char TM1638_Serial_Output(void)
79 {
80    unsigned char i;
81    unsigned char temp=0;
82    DIO_IN;                               //P2.5 设置为输入
83    for(i=0;i<8;i++)
84    {
85        temp>>=1;
86        CLK_L;
87        CLK_H;
88        if((DIO_DATA_IN)!=0)
89            temp|=0x80;
90        CLK_L;
```

```
91              }
92          return temp;
93      }
94
95
96      //读取键盘当前状态
97      unsigned char TM1638_Readkeyboard(void)
98      {
99          unsigned char c[4],i,key_code=0;
100         STB_L;
101         TM1638_Serial_Input(0x42);                  //读键扫数据命令
102         __delay_cycles(10);                          //适当延时约为1μs
103         for(i=0;i<4;i++)
104             c[i]=TM1638_Serial_Output();
105         STB_H;                                       //4个字节数据合成一个字节
106         if(c[0]==0x04) key_code=1;
107         if(c[0]==0x40) key_code=2;
108         if(c[1]==0x04) key_code=3;
109         if(c[1]==0x40) key_code=4;
110         if(c[2]==0x04) key_code=5;
111         if(c[2]==0x40) key_code=6;
112         if(c[3]==0x04) key_code=7;
113         if(c[3]==0x40) key_code=8;
114         if(c[0]==0x02) key_code=9;
115         if(c[0]==0x20) key_code=10;
116         if(c[1]==0x02) key_code=11;
117         if(c[1]==0x20) key_code=12;
118         if(c[2]==0x02) key_code=13;
119         if(c[2]==0x20) key_code=14;
120         if(c[3]==0x02) key_code=15;
121         if(c[3]==0x20) key_code=16;
122         return key_code; //key_code=0 代表当前没有键被按下
123     }
124
125     //刷新8位数码管(含小数点)和8组指示灯(每组2只,有4种亮灯模式)
126     void TM1638_RefreshDIGIandLED(unsigned char digit_buf[8],unsigned char pnt_buf,unsigned char led_buf[8])
127     {
128         unsigned char i,mask,buf[16];
129
130         mask=0x01;
131         for(i=0;i<8;i++)
132         {
133             //数码管
134             buf[i*2]=TM1638_DigiSegment(digit_buf[i]);
```

```
135        if ((pnt_buf&mask)!=0) buf[i*2]|=0x80;
136        mask=mask*2;
137
138        //指示灯
139        buf[i*2+1]=led_buf[i];
140    }
141
142    STB_L;TM1638_Serial_Input(0x40);STB_H;        //设置地址模式为自动加1
143    STB_L;TM1638_Serial_Input(0xC0);              //设置起始地址
144    for (i=0;i<16;i++)
145    {
146        TM1638_Serial_Input(buf[i]);
147    }
148    STB_H;
149 }
150
151
152 //TM1638初始化函数
153 void init_TM1638(void)
154 {
155    STB_L;TM1638_Serial_Input(0x8A);STB_H;        //设置亮度 (0x88-0x8f)8级亮度可调
156 }
157 #endif
```

4.5 解析示例程序 demo1forBaseboard.c

示例程序 demo1forBaseboard.c 是本书实验项目最重要的学习和参考程序。调试和运行该程序时需将 LaunchPad 板卡插装在实验底板上,如图 4.4-6 所示。

从使用者角度观察,运行该程序使电路表现的功能包含以下三项。

(1)开机或复位后,底板上右四位数码管自动显示计时数值,最低位对应单位是 0.1 秒。

(2)开机或复位后,底板上八个 LED 灯自动以跑马灯形式由左向右循环变换颜色。

(3)当没有按键按下时,左数第二、三位数码管显示"00";当人工按下某键,数码管显示该键的编号,此刻四位计时数码管暂停变化,停止计时,直到放开按键后自动继续计时。

下面,我们将切换至开发者角度考虑问题,对示例程序的结构设计和功能原理进行解析。

4.5.1 源代码及行命令要点说明

以下列出 demo1forBaseboard.c 的代码清单:

```
1 //本程序时钟采用内部 RC 振荡器。DCO:8MHz,供 CPU 时钟;SMCLK:1MHz,供定时器时钟
2 #include <msp430g2553.h>
3 #include <tm1638.h>    //与 TM1638 有关的变量及函数定义均在该 H 文件中
```

```
4
5    ///////////////////////////////
6    //          常量定义          //
7    ///////////////////////////////
8
9    //0.1s 软件定时器溢出值,5 个 20ms
10   # define V_T100ms      5
11   //0.5s 软件定时器溢出值,25 个 20ms
12   # define V_T500ms      25
13
14   ///////////////////////////////
15   //          变量定义          //
16   ///////////////////////////////
17
18   //软件定时器计数
19   unsigned char clock100ms=0;
20   unsigned char clock500ms=0;
21   //软件定时器溢出标志
22   unsigned char clock100ms_flag=0;
23   unsigned char clock500ms_flag=0;
24   //测试用计数器
25   unsigned int test_counter=0;
26   //8 位数码管显示的数字或字母符号
27   //注:板上数码位从左到右序号排列为 4、5、6、7、0、1、2、3
28   unsigned char digit[8]={' ',' ',' ',' ','_',' ',' ','_'};
29   //8 位小数点 1 亮 0 灭
30   //注:板上数码位小数点从左到右序号排列为 4、5、6、7、0、1、2、3
31   unsigned char pnt=0x04;
32   //8 个 LED 指示灯状态,每个灯 4 种颜色状态,0 灭,1 绿,2 红,3 橙(红+绿)
33   //注:板上指示灯从左到右序号排列为 7、6、5、4、3、2、1、0
34   //对应元件 LED8、LED7、LED6、LED5、LED4、LED3、LED2、LED1
35   unsigned char led[]={0,0,1,1,2,2,3,3};
36   //当前按键值
37   unsigned char key_code=0;
38
39   ///////////////////////////////
40   //          系统初始化        //
41   ///////////////////////////////
42
43   //I/O 端口和引脚初始化
44   void Init_Ports(void)
45   {
46       P2SEL &= ~(BIT7+BIT6);              //P2.6、P2.7 设置为通用 I/O 端口
47           //因两者默认连接外晶振,故需此修改
```

```
48
49        P2DIR |= BIT7 + BIT6 + BIT5;              //P2.5、P2.6、P2.7 设置为输出
50        //本电路板中三者用于连接显示和键盘管理器 TM1638,工作原理详见其 DATASHEET
51   }
52
53   //定时器 TIMER0 初始化,循环定时 20ms
54   void Init_Timer0(void)
55   {
56        TA0CTL = TASSEL_2 + MC_1;                 //Source:SMCLK=1MHz,UP mode,
57        TA0CCR0 = 20000;                          //1MHz 时钟,计满 20000 次为 20ms
58        TA0CCTL0 = CCIE;                          //TA0CCR0 interrupt enabled
59   }
60
61   //MCU 器件初始化,注:会调用上述函数
62   void Init_Devices(void)
63   {
64        WDTCTL = WDTPW + WDTHOLD;                 //Stop watchdog timer,停用看门狗
65        if (CALBC1_8MHZ ==0xFF || CALDCO_8MHZ == 0xFF)
66        {
67             while(1);                            //If calibration constants erased,trap CPU!!
68        }
69
70        //设置时钟,内部 RC 振荡器。  DCO:8MHz,供 CPU 时钟;SMCLK:1MHz,供定时器时钟
71        BCSCTL1 = CALBC1_8MHZ;                    //Set range
72        DCOCTL = CALDCO_8MHZ;                     //Set DCO step + modulation
73        BCSCTL3 |= LFXT1S_2;                      //LFXT1 = VLO
74        IFG1 &= ~OFIFG;                           //Clear OSCFault flag
75        BCSCTL2 |= DIVS_3;                        //SMCLK = DCO/8
76
77        Init_Ports();                            //调用函数,初始化 I/O 口
78        Init_Timer0();                           //调用函数,初始化定时器 0
79        _BIS_SR(GIE);                            //开全局中断
80        //all peripherals are now initialized
81   }
82
83   ////////////////////////////////
84   //       中断服务程序       //
85   ////////////////////////////////
86
87   //Timer0_A0 interrupt service routine
88   #pragma vector=TIMER0_A0_VECTOR
89   __interrupt void Timer0_A0(void)
90   {
91        //0.1 秒钟软定时器计数
```

```
92          if (++clock100ms>=V_T100ms)
93          {
94              clock100ms_flag = 1;                          //当0.1秒到时,溢出标志置1
95              clock100ms = 0;
96      }
97          //0.5秒钟软定时器计数
98          if (++clock500ms>=V_T500ms)
99          {
100             clock500ms_flag = 1;                          //当0.5秒到时,溢出标志置1
101             clock500ms = 0;
102     }
103
104         //刷新全部数码管和LED指示灯
105         TM1638_RefreshDIGIandLED(digit,pnt,led);
106
107         //检查当前键盘输入,0代表无键操作,1~16表示有对应按键
108         //键号显示在两位数码管上
109         key_code=TM1638_Readkeyboard();
110         digit[6]=key_code%10;
111         digit[5]=key_code/10;
112
113 }
114
115 /////////////////////////////////
116 //          主程序              //
117 /////////////////////////////////
118
119 int main(void)
120 {
121     unsigned char i=0,temp;
122     Init_Devices();
123     while (clock100ms<3);                          //延时60ms等待TM1638上电完成
124     init_TM1638();                                  //初始化TM1638
125
126     while(1)
127     {
128         if (clock100ms_flag==1)                    //检查0.1秒定时是否到
129         {
130             clock100ms_flag=0;
131             //每0.1秒累加计时值在数码管上以十进制显示,有键按下时暂停计时
132             if (key_code==0)
133             {
134                 if (++test_counter>=10000) test_counter=0;
135                 digit[0] = test_counter/1000;       //计算百位数
```

```
136              digit[1] = test_counter/100％10；   //计算十位数
137              digit[2] = test_counter/10％10；    //计算个位数
138              digit[3] = test_counter％10；       //计算百分位数
139          }
140       }
141
142       if (clock500ms_flag==1)                 //检查 0.5 秒定时是否到
143       {
144          clock500ms_flag=0；
145          //8 个指示灯以走马灯方式,每 0.5 秒向右(循环)移动一格
146          temp=led[0]；
147          for (i=0;i<7;i++) led[i]=led[i+1]；
148          led[7]=temp；
149       }
150    }
151 }
```

表 4.5-1 给出代码中要点内容的含义说明。与示例程序 Demo1forLaunchPad. c 重复的部分不再赘述。

表 4.5-1　示例程序 Demo1forLaunchPad. c 的解析

行号	内　　　容	说　　　明
3	#include <tm1638. h>	本程序需调用 tm1638. h 中定义的函数。用 CCS 编译时,需将 tm1638. h 和 demo1forBaseboard. c 置入同一个工程中
9～12	#define V_T100ms5 #define V_T500ms25	常量 V_T100ms、变量 clock100ms、clock100ms_flag 用于 100ms 计时程序段;unsigned char 定义 8 位无符号整数,值域为 0～255

18～23	unsigned char clock100ms=0;
	unsigned char clock500ms=0;
	unsigned char clock100ms_flag=0;
	unsigned char clock500ms_flag=0;
		常量 V_T500ms、变量 clock500ms、clock500ms_flag 用于 500ms 计时程序段
		后文详细解释计时工作原理

25	unsigned int test_counter=0;	变量 test_counter 用于时间计数;unsigned int 定义 16 位无符号整数,值域为 0～65535
42～60	主函数 main(void)	每当 MCU 复位后,自动回到 main 函数入口开始执行程序
26～28	unsigned char digit[8]={' ',' ',' ',' ','_',' ',' ','_'};	数组变量 digit[]用于缓存数码管的显示内容,数组长度为 8,对应板上数码位从左到右序号排列为 4、5、6、7、0、1、2、3;比如,digit[4]对应最左一个数码管,digit[2]对应左数第七个数码管
29～31	unsigned char pnt=0x04;	8 位变量 pnt 用于缓存数码管的小数点是否要亮,0 灭 1 亮,板上数码小数点从左到右对应 pnt 的第 4、5、6、7、0、1、2、3 位;初值 0x04 会使左数第七个数码小数点被点亮

行号	内　　容	说　　明
32~35	unsigned char led[]={0,0,1,1,2, 2,3,3};	数组变量 led[]用于缓存 LED 指示灯的状态值,4 种颜色与数值对应关系为:0 灭,1 绿,2 红,3 橙。板上指示灯从左到右对应的下标序号为 7、6、5、4、3、2、1、0。初值会使八个指示灯从左到右显示为"橙橙红红绿绿灭灭"
36~37	unsigned char key_code=0;	变量 key_code 用于缓存最近一次读到的键值。4x4 按键阵列从左上向右下编号 1~16。比如第二行第三个按键按下,键值为 7;无键按下,则键值用 0 表示

43~51	void Init_Ports(void)
	{
	　P2SEL &= ~(BIT7+BIT6);
	　P2DIR|=BIT7+BIT6+BIT5;
	}
		单片机芯片通过引脚 P2.5、P2.6、P2.7 连接底板 TM1638 芯片(负责刷新数码管显示、LED 灯亮灭和扫面检测按键)。为此,对相应的引脚进行初始化设定
		在本书实验中,这些设置可以保持不变

53~59	void Init_Timer0(void)
	{
	　TA0CTL=TASSEL_2+MC_1;
	　TA0CCR0 = 20000;
	　TA0CCTL0 = CCIE;
	}
		启用单片机内部定时器 0 用于循环 20ms 定时,即每隔 20ms 向 MCU 发出一次中断请求信号,并启动下一轮 20ms 定时
		在本书实验中,这些设置可以保持不变

78~79	Init_Timer0(); _BIS_SR(GIE);	在 MCU 器件初始化的最后阶段执行对定时器 0 的初始化设置,并打开全局中断响应。之后,每当定时器 0 发出中断请求信号,MCU 将自动执行定时器 0 中断服务程序函数(见后)
83~113	中断服务程序函数	MCU 每隔 20ms 自动执行一次本程序段
88~89	#pragma vector = TIMER0_A0_VECTOR __interrupt void Timer0_A0 (void)	定时器 0 中断服务程序函数头部的固定写法

91~96	if (++clock100ms>=V_T100ms)
	{
	　clock100ms_flag = 1;
	　clock100ms = 0;
	}
		100ms 定时计数。每执行一次中断服务程序,变量 clock100ms 计数加 1;计至 5(V_T100ms)则归零,并将标志变量 clock100ms_flag 置 1,向其他程序发出信息

97~102	if (++clock500ms>=V_T500ms)
	{
	　clock500ms_flag = 1;
	　clock500ms = 0;
	}
		500ms 定时计数。工作机制与 100ms 定时相类似

105	TM1638_RefreshDIGIandLED(digit, pnt,led);	调用函数,根据缓存变量(数组)digit、pnt、led 的值,刷新数码管及小数点和 LED 灯的显示。随中断服务程序每 20ms 执行一次
109	key_code=TM1638_Readkeyboard();	调用函数检测按键,将键值缓存在变量 key_code 供其他程序读取,不支持多个按键同时操作。随中断服务程序每 20ms 执行一次

续表

行号	内　容	说　明
110~111	digit[6]＝key_code%10; digit[5]＝key_code/10;	将键值的个位数赋给 digit[6],十位数赋给 digit[5];下一次执行第 105 行程序时,左数第二、三位数码管显示会相应变化
121	unsigned char i＝0,temp;	main 函数开头定义两个辅助性局部变量
123~124	while (clock100ms<3); init_TM1638();	为谨慎起见,复位后延时约 60ms,等 TM1638 芯片上电稳定后再对它进行初始化设置

128~130	if (clock100ms_flag＝＝1)
	{
	　clock100ms_flag＝0;
		检测 100ms 定时标志 clock100ms_flag,若它为 1 则执行后续程序段;将 clock100ms_flag 改为零,防止下次误判

132~139	if (key_code＝＝0)
	{
	　if (＋＋test_counter>＝10000)
	test_counter＝0;
	　　digit[0] ＝ test_counter/1000;
	　　digit [1] ＝ test _ counter/100%10;
	　　digit [2] ＝ test _ counter/10%10;
	　　digit[3] ＝ test_counter%10;
	}
		当键值 key_code 为 0,即无按键操作,时间计数变量 test_counter 加 1(至 10000 时归 0)。计算数码显示的百位、十位、个位、十分位,分别存入 digit[0][1][2][3],等下一次执行第 105 行程序时,右数四位数码管显示会相应变化

142~144	if (clock500ms_flag＝＝1)
	{
	　clock500ms_flag＝0;
		检测 500ms 定时标志,工作方式与 128~130 行程序相似

146~148	temp＝led[0]; for (i=0;i<7;i＋＋) led[i]＝led[i+1]; led[7]＝temp;	循环赋值改变 LED 显示缓存数组 led[],当下一次执行第 105 行程序时,一行八个彩色指示灯会呈现走马灯式向右移动变化一格的效果

4.5.2　程序基础架构和底层机制

我们对示例程序 demo1forBaseboard.c 进行了几乎逐行的解析,这种解析有助于初学者理解语句的基本含义,但不足以让人建立明晰的全局结构性认识。尤其是无法看清开发者是如何一步一步完成程序构思和设计的。下面,我们进一步解释程序的基础架构和底层机制构思。

4.5.2.1　程序的基础架构设计

单片机软件程序的设计,首先要选择一种基础架构。本示例程序选择了“主程序＋定时中断”的常用架构。如图 4.5-1 所示,它包含相对独立的两部分程序体——一个是无限循环结构的主程序;另一个是每隔 20ms 触发一次的定时中断服务程序。程序段之间使用一些事先定义的全局变量来传递消息。

在时间轴上,处理器的粗略执行时序如图 4.5-2 所示。图中 t_0 代表复位时刻,t_2 代表首次发生定时中断的时刻。要特别注意,中断服务程序从进入到退出,运行耗时必须少于

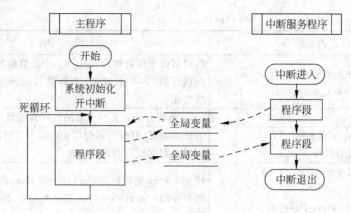

图 4.5-1 程序的基础架构

20ms,否则程序逻辑会发生不可预料的差错。所以,中断服务程序中尽量不要放置运行耗时太多的代码段。

图 4.5-2 处理器执行时序示意

4.5.2.2 底层机制设计

基于上述"主程序+20ms 定时中断"的架构,可以进一步策划一些底层机制。比如,在本例中,可以建立三种底层机制,为程序设计提供基本参考。它们是软计时机制(100ms 和 500ms 两项)、数码管/LED 灯显示刷新机制、按键检测机制。

■ 软计时机制

前面提到,20ms 定时依靠单片机内部定时器来实现,这种方式可称为硬件定时。有了基础的 20ms 硬件定时,则本例所需的 100ms 和 500ms 定时不再需要占用更多的硬件定时器,可以依靠在软件程序(中断服务程序)中建立适当的计数来实现。

图 4.5-3 是 100ms 软计时的机制设计示意图。其他程序段在收到"闹铃"标志传递来的"定时 100ms 时间到"消息后,需及时清除过时消息,以免下次读取时被误导。

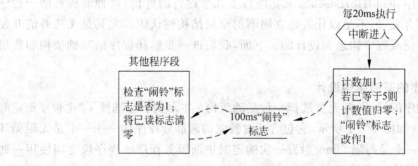

图 4.5-3 100ms 软计时机制示意

■ 数码管/LED 灯显示刷新机制

数码管和 LED 灯的显示刷新,可以采取图 4.5-4 所示的方式。提供数码管显示内容的程序段,或提供 LED 灯显示状态的程序段,并不直接控制这些显示硬件。它们把有关消息写入用全局变量定义的"显示缓存";该缓存的内容可被位于中断程序内的显示刷新控制程序读取,由该程序来实际控制硬件。

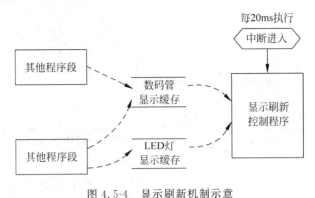

图 4.5-4 显示刷新机制示意

■ 按键检测机制

按键检测机制与显示刷新机制类似(见图 4.5-5),但信息数据的传递方向正好相反。需要当前键值的程序并不直接从硬件获取所需信息;而由中断程序内的按键检测程序读取硬件状态,将最近一次的键值保留在"键值缓存"中,供其他程序读取这些消息。

毫无疑问,这类机制会引入时延。但由于这种时延小于 20ms,所以不会被使用者所感知。

另外,两侧的操作节拍也不必同步。比如每隔 20ms 键值缓存会被刷新重写一次,但使用该键值的程序段不一定会以这么高的频度读取。这不会造成任何逻辑问题。

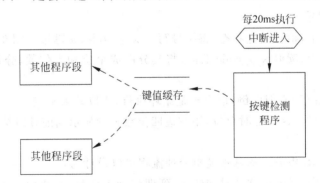

图 4.5-5 按键检测机制示意

4.5.3 程序的事务分解及其处理流程

在上述架构设计和机制构思基础上,根据程序要实现的外在功能,可以划分出三项相对独立的事务,然后设计它们各自的处理流程。以下写出的是逻辑流程,并非完全是代码实际执行顺序流程。

■ 事务一,在左数第二、三个数码管上显示当前按键编号

如图 4.5-6 所示,事务一的基本处理流程可以设计为:

(1) 中断程序中,读取 digit[5]和 digit[6],刷新数码管的显示,在左数第二三位上显示

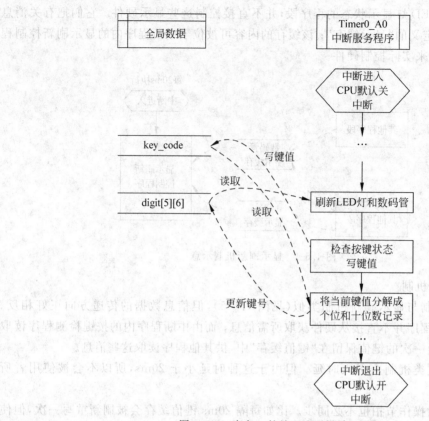

图 4.5-6 事务一的处理流程设计

最近一次记录的键号;

(2) 中断程序中,检查按键状态,将键号写入 key_code,无键按下用 0 表示;

(3) 中断程序中,读取 key_code 数值,将其分解成个位和十位数,分别赋给 digit[5]和 digit[6]。

以上步骤(1)和(3)看似颠倒,但由于是循环执行,所以效果不变。

■ 事务二,以 100ms 为计时单位,用右边四位数码管显示当前计时结果,有键按下时能暂停计时

如图 4.5-7 所示,事务二的基本逻辑处理流程可以设计为:

(1) 中断程序中,100ms 软计时,时间一到即将标志变量 clock100ms_flag 置 1,并将计数清零;

(2) 主程序中,读取判断 clock100ms_flag 是否为 1,标志无效则跳过步骤 3;若标志有效,则将其清零,清除过时消息,继续下一步;

(3) 主程序中,读取 key_code,若有键按下则跳过计数步骤;若无键按下,则累积计数,并将其分解为百、十、千、百分位,分别写入 digit[0][1][2][3];

(4) 中断程序中,读取 digit[0][1][2][3],刷新数码管的显示,在右侧四位上显示计时结果,单位是秒(带一位小数点显示)。

■ 事务三,以 0.5 秒为节拍,循环改变一行八个 LED 三色指示灯的发光状态,做出走马灯移动效果

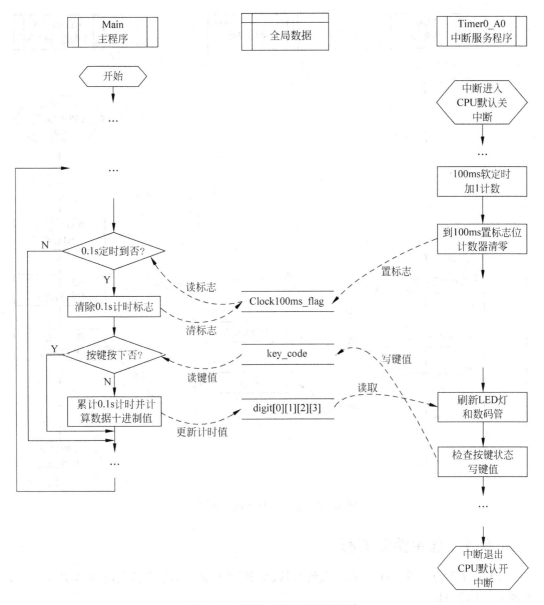

图 4.5-7　事务二的处理流程设计

如图 4.5-8 所示，事务三的基本逻辑处理流程可以设计为：

（1）中断程序中，500ms 软计时，时间一到即将标志变量 clock500ms_flag 置 1，并将计数清零；

（2）主程序中，读取判断 clock500ms_flag 是否为 1，标志无效则跳过步骤 3；若标志有效，则将其清零，清除过时消息，继续下一步；

（3）主程序中，按 led[0]←led[1]←led[2]←led[3]←led[4]←led[5]←led[6]←led[7]←原 led[0]的顺序交换数组 led 各成员的数值；

（4）中断程序中，读取 led[]，刷新 LED 灯的显示。

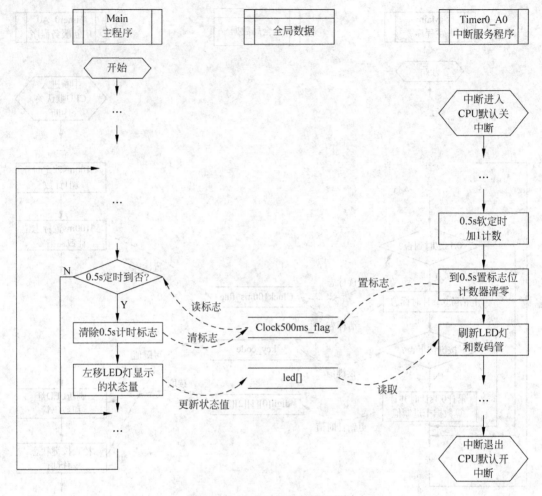

图 4.5-8　事务三的处理流程设计

4.5.4　程序整体流程

合并以上各分部设计,将所需定义的常量、变量(及初值)、函数全部列出,可形成表 4.5-2
至表 4.5-4 的表格。

表 4.5-2　示例程序的常量

常　量　名	含　　义	值
V_T100ms	0.1s 定时值	5
V_T500ms	0.5s 定时值	25

表 4.5-3　示例程序的变量

变　量　名	类型	含　　义
clock100ms	Char	Timer 计数 0.1s
clock500ms	Char	Timer 计数 0.5s
clock100ms_flag	Char	0.1s timer 计数溢出标志

变 量 名	类型	含 义
clock500ms_flag	Char	0.5s timer 计数溢出标志
test_counter	Int	测试用计数器
digit[8]	Char	数码管 8 位显示值,在板上排列顺序从左至右为 456701234
pnt	Char	8 位数码管小数点位,1 亮 0 灭,在板上排列顺序从左至右为 45670123,初值设为 0x04
led[8]	Char	LED 指示灯状态,每个灯 4 种颜色状态 0 灭 1 绿 2 红 3 橙(红＋绿)在板上排列顺序从左至右 76543210
key_code	Char	按键状态值

表 4.5-4　示例程序的函数

函 数 名	功 能	位 置
Int Main(void)	主程序	demo1forBaseboard. c
_interrupt void Timer_A0(void)	Timer 中断服务程序	demo1forBaseboard. c
Void Init_Ports(void)	I/O 口初始化	demo1forBaseboard. c
Void Init_Timer0(void)	Timer A0 计时器初始化	demo1forBaseboard. c
Void Init_Devices(void)	初始化 I/O 口、TimerA0 计时器等单片机设备	demo1forBaseboard. c
Unsigned char TM1638_DigiSegment(unsigned char digit)	数码管显示数据的译码	TM1638. h
Void TM1638_Serial_input(unsigned char DATA)	TM1638 键盘数码管控制芯片的串行数据输入	TM1638. h
Void TM1638_Serial_output(void)	TM1638 键盘数码管控制芯片的串行数据输出	TM1638. h
Unsigned char TM1638_Readkeyboard(void)	读取 TM1638 获取按键状态	TM1638. h
Void TM1638_RefreshDIGIand LED(Unsigned char digit_buf[8], Unsigned char pnt_buf, Unsigned char led_buf[8])	刷新 8 位数码管(含小数点)和 8 组 LED 指示灯(每组 2 只 LED,有四种亮灯模式)	TM1638. h
Void Init_TM1638(void)	初始化 TM1638	TM1638. h

　　程序中的函数可以分布在两个文件中。在 demo1forBaseboard. c 中的除了主程序和 timer0 中断程序外,主要是用来初始化单片机的函数。其他与 TM1638 芯片有关的函数都定义在 TM1638. h 中。

　　适当合并组合前文的流程设计,可以绘出本程序的整体流程(图 4.5-9)。在软件设计中,此时可以开始着手编写 C 语言代码。

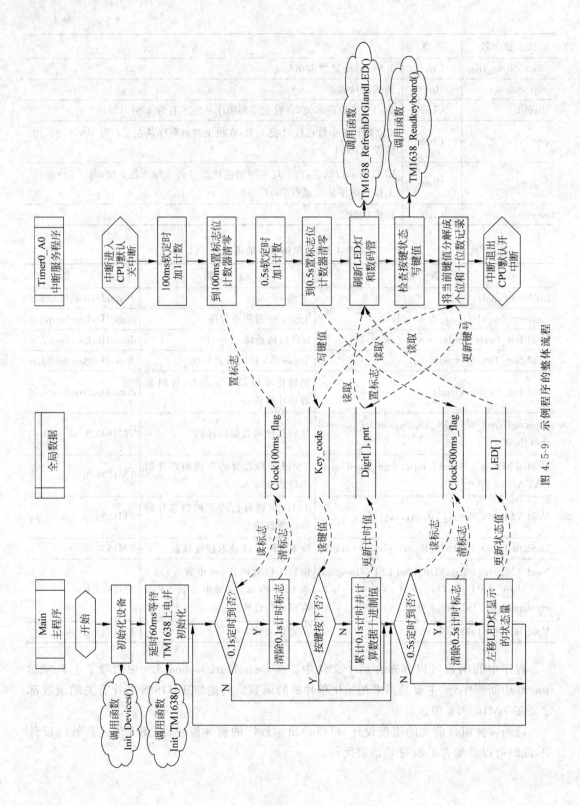

图 4. 5-9 示例程序的整体流程

4.6 编译执行示例程序 demo1forBaseboard.c

了解示例程序 demo1forBaseboard.c 的功能和结构后,我们来建立工程,将该程序编译执行,查看其结果。要注意的是,在这个示例程序中,我们将一部分函数放在了 tm_1638.h 头文件中,因此,要引用外部函数。在建立的工程里要包含 tm_1638.h 文件,并且要在环境设置里添加 include 路径指向该文件所在的目录。

具体操作与前文示例程序 demo1forLaunchPad.c 基本相似,但最初的步骤修改如下。

步骤1,新建立一个工程,不妨命名为 demo2(图 4.6-1)。

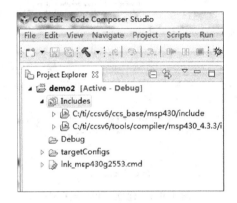

图 4.6-1 建立工程(步骤 1)

步骤2,将 demo1forBaseboard.c 和 tm_1638.h 两个程序文件添加到当前工程目录下(图 4.6-2)。以上这两步骤均可以参看之前 demo1 的添加过程。只不过添加的源程序多了一个 tm1638.h。

图 4.6-2 建立工程(步骤 2)

步骤3,单击工程名,选择菜单 project→properties 选项,弹出 Properties for demo2 窗口(图 4.6-3)。

步骤4,单击 build→MSP430 Compiler→Include Options,查看右下方窗口,里面已经包含两个路径。单击右侧 按钮,添加 TM_1638.h 所在当前工作目录 demo2 路径。确定后可见 includes 下面添加了一个路径信息 demo2(图 4.6-4 至 4.6-6)。

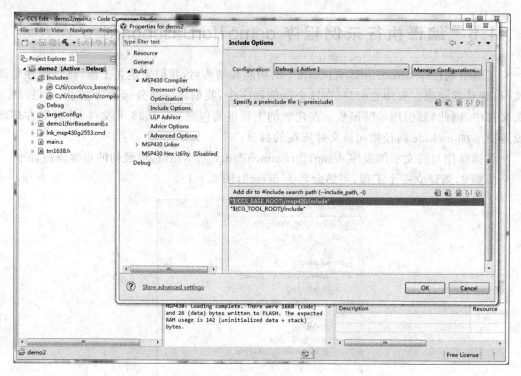

图 4.6-3　建立工程(步骤 3)

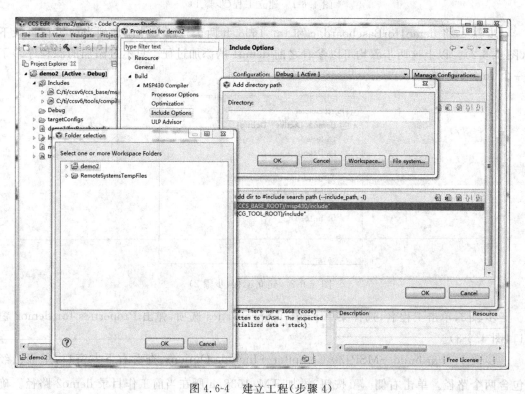

图 4.6-4　建立工程(步骤 4)

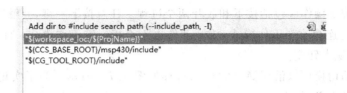

图 4.6-5　建立工程(步骤 4 续)

图 4.6-6　建立工程(步骤 4 完成)

余下步骤是编译、下载和执行,可以参考前文关于示例程序 demo1forLaunchPad.c 的相应做法。下载程序后,按执行图标,我们就可以看到程序运行的实际结果了。

4.7　修改示例程序代码功能的练习

在学习和掌握前几节内容和实验操作方法之后,我们可以尝试练习修改示例程序的代码功能,为开展下一阶段实验项目做准备。

本节提供了两则案例,都是以示例程序 demo1forBaseboard.c 为基础起点,通过修改它的代码设计,改变其原有的功能。练习案例一中,对修改方案给出了比较多的工作原理解释;练习案例二则只给出代码修改步骤,其工作原理留给学习者自己思考。

4.7.1　练习案例一

运行 demo1forBaseboard.c,只有在按住键不放时,数码显示的计时数字才会保持停滞,一旦放手则计时立刻继续进行。

在本例中,我们让电路呈现三种工作模式(表 4.7-1)。通过人工按键操作,使电路在三种工作模式中轮转切换。复位运行以模式 0 为默认工作模式。

表 4.7-1　工作模式列表

模　　式	功 能 描 述
0	右侧四位数码管显示计时;LED 灯静止不闪动
1	暂停计时;LED 灯走马灯式循环右移
2	暂停计时;LED 灯走马灯式循环左移

注:任一模式下,左数第二、三位数码管仍显示当前键号

一次人工按键操作应包括按下和放开两个过程。任意按下一键,会触发一次模式转变,但按住不放不能连续改变工作模式,放开动作也不直接影响工作模式;直至放开后下一次按键,才能再次触发转变。

工作模式的切换可以借用简单的状态转移如图 4.7-1 所示。为了实现这样的功能,需要增加一些变量定义,如表 4.7-2 中。

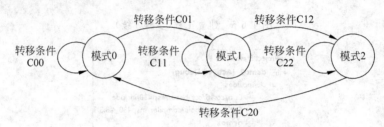

图 4.7-1   状态转移图

表 4.7-2   拟增加的全局变量定义

全 局 变 量	作 用 描 述
unsigned char workmode＝0;	记录系统的工作模式,取值 0、1 或 2,初值为 0
unsigned char key_state＝0;	两者均与键盘检测有关
	key_state 用于记录前一次按键检测时的键盘状态,0 表示无键按下,1 有键按下
unsigned char key_flag＝0;	key_flag 用来向其他程序段发出消息,1 表示键盘发生从无到有(键按下)的变化,其他程序段收到消息后应对 key_flag 清零,清除过时消息;程序原有变量 key_code 仍用于记录当前键值

程序代码的主要变化将位于主程序的循环体。我们用表 4.7-3 列出与图 4.7-1 相对应的处理步骤。

表 4.7-3   状态转移对应的处理步骤

当前工作模式	当前模式执行内容	检查转移条件 条件代号:实际含义	转移前执行	下轮工作模式
0	当 100ms 到,计数加 1,计满 10000 归零,将计数分解为百、十、个、百分位,写入显示缓存	C01: key_flag 为 1(有键按下)	key_flag＝0; workmode＝1;	1
		C00: key_flag 不为 1	无	0
1	为实现 LED 灯走马灯式循环右移,相应改变显示缓存	C12: key_flag 为 1(有键按下)	key_flag＝0; workmode＝2;	2
		C11: key_flag 不为 1	无	1
2	为实现 LED 灯走马灯式循环左移,相应改变显示缓存	C20: key_flag 为 1(有键按下)	key_flag＝0; workmode＝0;	0
		C22: key_flag 不为 1	无	2

按以上方案可以设计和修改代码。以下并未给出完整代码,仅列出所有修改之处。

■ 增加表 4.7-2 全局变量定义

原程序第 37 行改为:

unsigned char key_state＝0, key_flag＝0, key_code＝0;

■ 改变键盘检测程序段

原程序第 109 行改为：

```
key_code=TM1638_Readkeyboard();
if((key_state==0)&(key_code>0)) key_flag=1;
if(key_code>0) key_state=1;
else key_state=0;
```

■ 改写主程序循环体

原程序第 126～150 行,整体按表 4.7-3 的提示改写为：

```
while(1)
{
    switch(workmode)
    {
    case 0:
        if(clock100ms_flag==1)                  //检查 0.1s 定时是否到
        {
            clock100ms_flag=0;
                                                //每 0.1s 累加计时值在数码管上以十进制显示
            if(++test_counter>=10000) test_counter=0;
            digit[0] = test_counter/1000;       //计算百位数
            digit[1] = test_counter/100%10;     //计算十位数
            digit[2] = test_counter/10%10;      //计算个位数
            digit[3] = test_counter%10;         //计算百分位数
        }
        if(key_flag==1) { key_flag=0; workmode=1}
        break;

    case 1:
        if(clock500ms_flag==1)                  //检查 0.5s 定时是否到
        {
            clock500ms_flag=0;
            //8 个指示灯以走马灯方式,每 0.5s 向右(循环)移动一格
            temp=led[0];
            for(i=0;i<7;i++) led[i]=led[i+1];
            led[7]=temp;
        }
        if(key_flag==1) { key_flag=0; workmode=2}
        break;

    case 2:
        if(clock500ms_flag==1)                  //检查 0.5s 定时是否到
        {
            clock500ms_flag=0;
            //8 个指示灯以走马灯方式,每 0.5s 向左(循环)移动一格
            temp=led[7];
            for(i=0;i<7;i++) led[7-i]=led[6-i];
            led[0]=temp;
        }
        if(key_flag==1) { key_flag=0; workmode=0}
```

```
                    break;

                default:
                    workmode＝0;
                    break;
                }
    }
```

4.7.2　练习案例二

本案例中,我们仍以示例程序 demo1forBaseboard.c 为起点,进行多轮递近式修改,帮助学习者熟悉程序的结构。

4.7.2.1　第一轮修改

增加规定两个按键功能。1 号按键,用于切换状态,启动或暂停(start/pause)计时(计数)功能;2 号按键,用于对计时清零(reset,不是指系统复位)。

取消原来的 LED 跑马灯功能。指定最左端 LED 灯作为计时状态标志,正常计数时为绿色,按键 1 暂停计时则变红色。

具体步骤如下:

【预备工作 1】复制 demo1forBaseboard.c,新文件命名为 demo2forBaseboard.c。

【预备工作 2】建立一个新工程,不妨命名为 demo3;将 demo2forBaseboard.c 和 tm_1638.h 加入该工程。

【代码修改步骤 1】第 35 行,修改数组 led 初值,LED 灯初始状态设为全灭。

【代码修改步骤 2】第 37 行,增加两项全局变量 key_state,key_flag,初值分别为 0 和 1,用于记录按键操作状态。

【代码修改步骤 3】第 39 行,增加一项全局变量 key1,记录当前工作状态,0 表示暂停,1 表示计时。

【代码修改步骤 4】第 112 行,插入一段代码,完成按键操作在中断服务程序中的状态转移处理,处理 key_state。如代码清单 112～131 行。

【代码修改步骤 5】第 149 行,插入一段代码,完成按键操作在主程序中的处理,处理 key_flag,根据该标志提取当前键值做对应的操作。是按键 1 则改变工作状态,记录在 key1;是按键 2 则做计时清零操作。如代码清单 149～164 行。

【代码修改步骤 6】第 170 行,添加两行代码,并修改 172 行,根据 key1 的值决定执行计时还是暂停。如代码清单 170～172 行。

【代码修改步骤 7】第 180 行,添加四行代码,根据 key1 的值确定最左侧 LED 灯的显示颜色,红灯表暂停,绿灯表计时。如代码清单 180～184 行。

【代码修改步骤 8】注释掉最后一段走马灯显示的代码。如代码清单 185～194 行。

运行程序,验证功能。

以下列出 demo2forBaseboard.c 的代码清单:

```
1    //本程序时钟采用内部 RC 振荡器。DCO:8MHz,供 CPU 时钟;SMCLK:1MHz,供定时器时钟
2    ＃include ＜msp430g2553.h＞
```

```
3    #include <tm1638.h>  //与 TM1638 有关的变量及函数定义均在该 H 文件中
4    /////////////////////////////
5    //      常量定义      //
6    /////////////////////////////
7
8    //0.1s 软件定时器溢出值,5 个 20ms
9    #define V_T100ms     5
10   //0.5s 软件定时器溢出值,25 个 20ms
11   #define V_T500ms     25
12
13   /////////////////////////////
14   //      变量定义      //
15   /////////////////////////////
16
17   //软件定时器计数
18   unsigned char clock100ms = 0;
19   unsigned char clock500ms = 0;
20   //软件定时器溢出标志
21   unsigned char clock100ms_flag = 0;
22   unsigned char clock500ms_flag = 0;
23   //测试用计数器
24   unsigned int test_counter = 0;
25   //8 位数码管显示的数字或字母符号
26   //注:板上数码位从左到右序号排列为 4、5、6、7、0、1、2、3
27   unsigned char digit[8] = { ' ',' ',' ',' ','_',' ',' ','_'};
28   //8 位小数点 1 亮 0 灭
29   //注:板上数码位小数点从左到右序号排列为 4、5、6、7、0、1、2、3
30   unsigned char pnt = 0x04;
31   //8 个 LED 指示灯状态,每个灯 4 种颜色状态,0 灭,1 绿,2 红,3 橙(红+绿)
32   //注:板上指示灯从左到右序号排列为 7、6、5、4、3、2、1、0
33   //对应元件 LED8、LED7、LED6、LED5、LED4、LED3、LED2、LED1
34   //[1.3]LED 灯设为全灭
35   unsigned char led[] = { 0,0,0,0,0,0,0,0 };
36   //[2.1]增加两个与按键操作有关的全局变量
37   unsigned char key_state = 0,key_flag = 1,key_code = 0;
38   //增加按键 1 键值全局变量,0 表示暂停,1 表示计时
39   unsigned char key1 = 0;
40
41   /////////////////////////////
42   //      系统初始化      //
43   /////////////////////////////
44
45   //I/O 端口和引脚初始化
46   void Init_Ports(void) {
```

```
47      P2SEL &= ~(BIT7 + BIT6);                //P2.6、P2.7 设置为通用 I/O 端口
48      //因两者默认连接外晶振,故需此修改
49
50      P2DIR |= BIT7 + BIT6 + BIT5;             //P2.5、P2.6、P2.7 设置为输出
51      //本电路板中三者用于连接显示和键盘管理器 TM1638,工作原理详见其 DATASHEET
52  }
53
54  //定时器 TIMER0 初始化,循环定时 20ms
55  void Init_Timer0(void) {
56      TA0CTL = TASSEL_2 + MC_1;               //Source:SMCLK=1MHz,UP mode,
57      TA0CCR0 = 20000;                        //1MHz 时钟,计满 20000 次为 20ms
58      TA0CCTL0 = CCIE;                        //TA0CCR0 interrupt enabled
59  }
60
61  //MCU 器件初始化,注:会调用上述函数
62  void Init_Devices(void) {
63      WDTCTL = WDTPW + WDTHOLD;               //Stop watchdog timer,停用看门狗
64      if (CALBC1_8MHZ == 0xFF || CALDCO_8MHZ == 0xFF) {
65          while (1)
66              ; //If calibration constants erased,trap CPU!!
67      }
68
69      //设置时钟,内部 RC 振荡器。  DCO:8MHz,供 CPU 时钟;SMCLK:1MHz,供定时器时钟
70      BCSCTL1 = CALBC1_8MHZ;                  //Set range
71      DCOCTL = CALDCO_8MHZ;                   //Set DCO step + modulation
72      BCSCTL3 |= LFXT1S_2;                    //LFXT1 = VLO
73      IFG1 &= ~OFIFG;                         //Clear OSCFault flag
74      BCSCTL2 |= DIVS_3;                      //SMCLK = DCO/8
75
76      Init_Ports();                          //调用函数,初始化 I/O 口
77      Init_Timer0();                         //调用函数,初始化定时器0
78      _BIS_SR(GIE);
79      //开全局中断
80      //all peripherals are now initialized
81  }
82
83  ////////////////////////////////
84  //      中断服务程序      //
85  ////////////////////////////////
86
87  //Timer0_A0 interrupt service routine
88  # pragma vector=TIMER0_A0_VECTOR
89  __interrupt void Timer0_A0(void)
90  {
```

```
91      //0.1s 软定时器计数
92      if (++clock100ms >= V_T100ms)
93      {
94          clock100ms_flag = 1;                    //当 0.1s 到时,溢出标志置 1
95          clock100ms = 0;
96      }
97      //0.5s 软定时器计数
98      if (++clock500ms >= V_T500ms)
99      {
100         clock500ms_flag = 1;                    //当 0.5s 到时,溢出标志置 1
101         clock500ms = 0;
102     }
103
104     //刷新全部数码管和 LED 指示灯
105     TM1638_RefreshDIGIandLED(digit,pnt,led);
106
107     //检查当前键盘输入,0 代表无键操作,1~16 表示有对应按键
108     //键号显示在两位数码管上
109     key_code = TM1638_Readkeyboard();
110     digit[6]=key_code%10;
111     digit[5]=key_code/10;
112     //[2.2]按键操作在时钟中断服务程序中的状态转移处理程序
113     switch (key_state)
114     {
115     case 0:
116         if (key_code > 0)
117         {
118             key_state = 1;
119             key_flag = 1;
120         }
121         break;
122     case 1:
123         if (key_code == 0)
124         {
125             key_state = 0;
126         }
127         break;
128     default:
129         key_state = 0;
130         break;
131     }
132
133 }
134
```

```
135    /////////////////////////////
136    //          主程序            //
137    /////////////////////////////
138
139    int main(void)
140    {
141        unsigned char i = 0,temp;
142        Init_Devices();
143        while (clock100ms < 3)
144            ;                       //延时 60ms 等待 TM1638 上电完成
145        init_TM1638();                          //初始化 TM1638
146
147        while (1)
148        {
149            //[2.3]按键操作在 main 主程序中的处理程序
150            if (key_flag == 1)
151            {
152                key_flag = 0;
153                switch (key_code)
154                {
155                case 1:
156                    key1 ^= 0x01;
157                    break;
158                case 2:
159                    test_counter = 0;           //计时变量清 0
160                    break;
161                default:
162                    break;
163                }
164            }
165
166            if (clock100ms_flag == 1)            //检查 0.1s 定时是否到
167            {
168                clock100ms_flag = 0;
169                //每 0.1s 累加计时值在数码管上以十进制显示,有键按下时暂停计时
170                if (key1 == 1)
171                    test_counter++;
172                if (test_counter >= 10000)
173                    test_counter = 0;
174                digit[0] = test_counter / 1000;      //计算百位数
175                digit[1] = test_counter / 100 % 10;  //计算十位数
176                digit[2] = test_counter / 10 % 10;   //计算个位数
177                digit[3] = test_counter % 10;        //计算百分位数
178            }
```

```
179
180              //增加 LED 灯显示
181              if (key1 == 0)
182                  led[7] = 2;                    //led7 红灯亮,表示暂停
183              else
184                  led[7] = 1;                    //led7 绿灯亮,表示在计时
185              /* 删除
186              if (clock500ms_flag==1)            //检查 0.5s 定时是否到
187              {
188                  clock500ms_flag=0;
189                  //8 个指示灯以走马灯方式,每 0.5s 向右(循环)移动一格
190                  temp=led[0];
191                  for (i=0;i<7;i++) led[i]=led[i+1];
192                  led[7]=temp;
193              }
194              */
195          }
196  }
```

4.7.2.2 第二轮修改

在第一轮修改的基础上,进一步将计时的加计数改为减计数。

具体步骤如下:

【预备工作 1】复制 demo2forBaseboard.c,新文件命名为 demo3forBaseboard.c。

【预备工作 2】仍可使用工程 demo3,可以把 demo2forBaseboard.c 从工程中删去,再把 demo3forBaseboard.c 添加入该工程中。

【代码修改步骤 1】第 24 行,修改 test_counter 初值为 1000(注:对应 100.0s)。

【代码修改步骤 2】第 159 行,修改 main 程序中计时变量赋值,也同为 1000。

【代码修改步骤 3】第 171 行,修改计时加计数为减计数。如代码清单 171~172 行。

运行程序,验证功能。

以下列出 demo3forBaseboard.c 的代码清单:

```
1   //本程序时钟采用内部 RC 振荡器。DCO:8MHz,供 CPU 时钟;SMCLK:1MHz,供定时器时钟
2   #include <msp430g2553.h>
3   #include <tm1638.h>   //与 TM1638 有关的变量及函数定义均在该 H 文件中
4   ///////////////////////////////
5   //        常量定义           //
6   ///////////////////////////////
7
8   //0.1s 软件定时器溢出值,5 个 20ms
9   #define V_T100ms      5
10  //0.5s 软件定时器溢出值,25 个 20ms
11  #define V_T500ms      25
12
```

```
13  ////////////////////////////////
14  //          变量定义           //
15  ////////////////////////////////
16
17  //软件定时器计数
18  unsigned char clock100ms = 0;
19  unsigned char clock500ms = 0;
20  //软件定时器溢出标志
21  unsigned char clock100ms_flag = 0;
22  unsigned char clock500ms_flag = 0;
23  //[修改]测试用计数器
24  unsigned int test_counter = 1000;                    //100s 倒计时
25  //8 位数码管显示的数字或字母符号
26  //注：板上数码位从左到右序号排列为 4、5、6、7、0、1、2、3
27  unsigned char digit[8] = { '','','','','_','','','_' };
28  //8 位小数点 1 亮   0 灭
29  //注：板上数码位小数点从左到右序号排列为 4、5、6、7、0、1、2、3
30  unsigned char pnt = 0x04;
31  //8 个 LED 指示灯状态,每个灯 4 种颜色状态,0 灭,1 绿,2 红,3 橙(红十绿)
32  //注：板上指示灯从左到右序号排列为 7、6、5、4、3、2、1、0
33  //      对应元件 LED8、LED7、LED6、LED5、LED4、LED3、LED2、LED1
34  //[1.3]LED 灯设为全灭
35  unsigned char led[] = { 0,0,0,0,0,0,0,0 };
36  //[2.1]增加两个与按键操作有关的全局变量
37  unsigned char key_state = 0,key_flag = 1,key_code = 0;
38  //增加按键 1 键值全局变量,0 表示暂停,1 表示计时
39  unsigned char key1 = 0;
40
41  ////////////////////////////////
42  //          系统初始化         //
43  ////////////////////////////////
44
45  //I/O 端口和引脚初始化
46  void Init_Ports(void) {
47      P2SEL &= ~(BIT7 + BIT6);              //P2.6,P2.7 设置为通用 I/O 端口
48      //因两者默认连接外晶振,故需此修改
49
50      P2DIR |= BIT7 + BIT6 + BIT5;          //P2.5、P2.6、P2.7 设置为输出
51      //本电路板中三者用于连接显示和键盘管理器 TM1638,工作原理详见其 DATASHEET
52  }
53
54  //定时器 TIMER0 初始化,循环定时 20ms
55  void Init_Timer0(void) {
56      TA0CTL = TASSEL_2 + MC_1;             //Source:SMCLK=1MHz,UP mode,
```

```
57        TA0CCR0 = 20000;                            //1MHz 时钟,计满 20000 次为 20ms
58        TA0CCTL0 = CCIE;                            //TA0CCR0 interrupt enabled
59   }
60
61   //MCU 器件初始化,注:会调用上述函数
62   void Init_Devices(void) {
63        WDTCTL = WDTPW + WDTHOLD;                    //Stop watchdog timer,停用看门狗
64        if (CALBC1_8MHZ == 0xFF || CALDCO_8MHZ == 0xFF) {
65            while (1)
66                ; //If calibration constants erased,trap CPU!!
67        }
68
69        //设置时钟,内部 RC 振荡器。   DCO:8MHz,供 CPU 时钟;SMCLK:1MHz,供定时器时钟
70        BCSCTL1 = CALBC1_8MHZ;                       //Set range
71        DCOCTL = CALDCO_8MHZ;                        //Set DCO step + modulation
72        BCSCTL3 |= LFXT1S_2;                         //LFXT1 = VLO
73        IFG1 &= ~OFIFG;                              //Clear OSCFault flag
74        BCSCTL2 |= DIVS_3;                           //SMCLK = DCO/8
75
76        Init_Ports();                               //调用函数,初始化 I/O 口
77        Init_Timer0();                              //调用函数,初始化定时器 0
78        _BIS_SR(GIE);
79        //开全局中断
80        //all peripherals are now initialized
81   }
82
83   ////////////////////////////////
84   //        中断服务程序         //
85   ////////////////////////////////
86
87   //Timer0_A0 interrupt service routine
88   #pragma vector=TIMER0_A0_VECTOR
89   __interrupt void Timer0_A0(void)
90   {
91        //0.1s 软定时器计数
92        if (++clock100ms >= V_T100ms)
93        {
94            clock100ms_flag = 1;                     //当 0.1s 到时,溢出标志置 1
95            clock100ms = 0;
96        }
97        //0.5s 软定时器计数
98        if (++clock500ms >= V_T500ms)
99        {
100           clock500ms_flag = 1;                     //当 0.5s 到时,溢出标志置 1
```

```
101        clock500ms = 0;
102     }
103
104     //刷新全部数码管和 LED 指示灯
105     TM1638_RefreshDIGIandLED(digit,pnt,led);
106
107     //检查当前键盘输入,0 代表无键操作,1~16 表示有对应按键
108     //键号显示在两位数码管上
109     key_code = TM1638_Readkeyboard();
110     digit[6]=key_code%10;
111     digit[5]=key_code/10;
112     //[2.2]按键操作在时钟中断服务程序中的状态转移处理程序
113     switch (key_state)
114     {
115     case 0:
116         if (key_code > 0)
117         {
118             key_state = 1;
119             key_flag = 1;
120         }
121         break;
122     case 1:
123         if (key_code == 0)
124         {
125             key_state = 0;
126         }
127         break;
128     default:
129         key_state = 0;
130         break;
131     }
132
133 }
134
135 /////////////////////////////////
136 //          主程序              //
137 /////////////////////////////////
138
139 int main(void)
140 {
141     unsigned char i = 0,temp;
142     Init_Devices();
143     while (clock100ms < 3)
144         ; //延时 60ms 等待 TM1638 上电完成
```

```
145        init_TM1638();                              //初始化 TM1638
146
147     while (1)
148     {
149         //[2.3]按键操作在 main 主程序中的处理程序
150         if (key_flag == 1)
151         {
152             key_flag = 0;
153             switch (key_code)
154             {
155             case 1:
156                 key1 ^= 0x01;
157                 break;
158             case 2:
159                 test_counter = 1000;              //[修改]计时变量设 100s
160                 break;
161             default:
162                 break;
163             }
164         }
165
166         if (clock100ms_flag == 1)                 //检查 0.1s 定时是否到
167         {
168             clock100ms_flag = 0;
169             //每 0.1s 累加计时值在数码管上以十进制显示,有键按下时暂停计时
170             //[倒计时修改]
171             if ((key1 == 1) && (test_counter>0))
172                 test_counter--;
173             digit[0] = test_counter / 1000;       //计算百位数
174             digit[1] = test_counter / 100 % 10;   //计算十位数
175             digit[2] = test_counter / 10 % 10;    //计算个位数
176             digit[3] = test_counter % 10;         //计算百分位数
177         }
178
179         //增加 LED 灯显示
180         if (key1 == 0)
181             led[7] = 2;                           //led7 红灯亮,表示暂停
182         else
183             led[7] = 1;                           //led7 绿灯亮,表示在计时
184     /* 删除
185         if (clock500ms_flag==1)                   //检查 0.5s 定时是否到
186         {
187             clock500ms_flag=0;
188             //8 个指示灯以走马灯方式,每 0.5s 向右(循环)移动一格
```

189	temp=led[0];
190	for (i=0;i<7;i++) led[i]=led[i+1];
191	led[7]=temp;
192	}
193	*/
194	}
195	}
196	

4.7.2.3 第三轮修改

在第二轮修改基础上,添加使用 3 号按键作为加减计数模式选择。按一次表示加计数,再按一次表示减计数,如此反复切换。模式状态在左侧数码管显示_UU_,表示加计数,显示_AA_表示减计数。

这部分作为学习者自主练习。在此给出两条设计提示:

(1) 可增加全局变量 key3,0 表示加计数,1 表示减计数,模仿之前 key1 的做法,完成对 3 号按键信息的处理;

(2) 基于对 key3 取值的判断,执行与数码管显示有关的操作。

第 5 章

CHAPTER 5

使用仿真软件辅助电路分析和设计

5.1 本章引言

电子系统,无论简单还是复杂,在设计过程中一般遵循图 5.1-1 所示流程。首先根据实际需要解决的问题,提出需求,对其进行分析;在此基础上,将复杂的电子系统拆分至每个独立的基本功能电路;针对每个功能电路进行电路设计;在进行实际电路搭建与调试之前,可以利用仿真软件对电路功能作初步的仿真验证;最后组合调试并验证是否满足最初提出的要求。

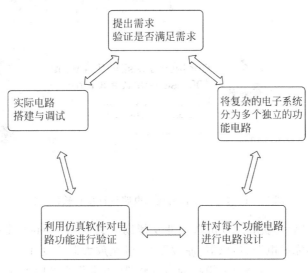

图 5.1-1 电子系统设计流程

在这个过程当中,可以看出实际电路的搭建与调试环节中需要投入大量的时间和成本,可能会发生各种无法预期的问题,这也是最令初学者们头痛的一个环节。如何有效地减少电路搭建与调试环节的时间和硬件成本,更顺利地完成电子系统设计? 其实,如果能够充分有效地利用软件辅助设计工具,不但可以帮助设计者更快地完成设计,还可以在硬件投入前利用仿真工具对设计进行初步的调试。

辅助设计工具包括电路设计软件和仿真软件。电路设计软件利用理想的器件模型完成电路结构的构建并提供选型建议；仿真软件利用更接近实际的器件模型，进一步调整器件选型和电路设计。本章中我们将介绍 TI 公司的 Webench 在线设计仿工具和基于 Spice 模拟的仿真软件 TINA-TI。本章出现的电路图均是 Webench 或 TINA-TI 软件提供的工作页面截图，其中元件符号可能有与国标不符之处，不应被看作是正式的电路原理图制图范例。

5.2 电路设计及仿真软件的获取

如图 5.2-1 所示登录 www. ti. com，单击首页"Tools&Software"→"Analog design Tools"，进入软件设计工具中心，在该页面可以找到大量的模拟电路设计与仿真软件，帮助设计者进行电子系统的开发。如图 5.2-2 所示。

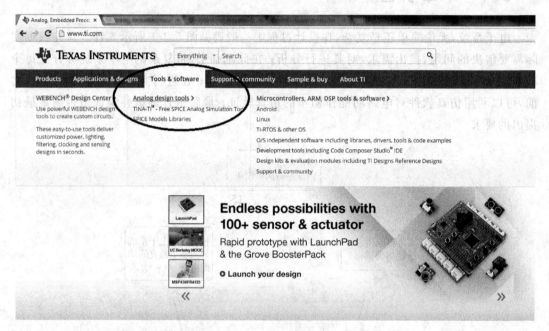

图 5.2-1　登录 TI 官网找到电路设计仿真软件专栏

注册 myTI 账号后可获取设计仿真软件及帮助。其中，Webench 是一个在线设计仿真工具，可以用于帮助完成电源、传感器、滤波器、时钟及放大器等设计。

TINA-TI 则是一个基于 Spice 模拟的仿真软件，可进行模型库下载，拥有丰富的设计库资源。

Tina 是一款功能强大的基于 Spice 模型电路仿真软件。Tina-TI 提供大量 TI 的模拟器件模型，用户可以进行电路的仿真调试和性能测试。在前文所述的软件资源中心中可以找到 TINA-TI 的下载链接。注册 myTI 账号后即可免费下载 TINA-TI。运行程序安装包，安装软件。如图 5.2-3 所示。

接下来将通过五个具体实验，讲解 TINA-TI 的基本使用方法，学习和巩固将会用到的相关知识。

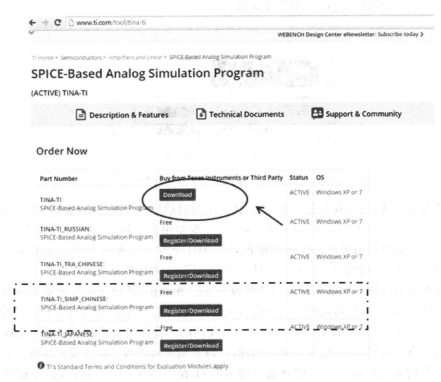

图 5.2-2　进入 Webench Design 中心

图 5.2-3　在 TI 注册 myTI 账号后下载免费 TINA-TI 软件

5.3　实验 A　理解运放输入阻抗的概念

理想运放的输入阻抗为无穷大,具有"虚短虚断"特性。而实际运放输入阻抗为一个较大值,一般情况下可忽略。

在 TINA-TI 中选择一个标准运放,如 uA741 搭建图 5.3-1 所示电路。

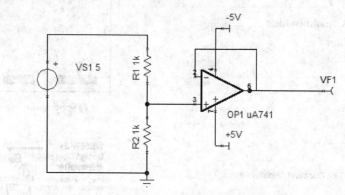

图 5.3-1　在 TINA-TI 中绘制基本运放电路

根据"虚短虚断"法则,可以得到输出 VF1 处的电压值等同于 R_1 和 R_2 分压后的电压值,为 2.5V。

在"T&M"菜单中选择多用表,利用探针查看输出点(VF1)的直流电平,如图 5.3-2 所示,读到为 2.5V,验证了之前的理论计算值。

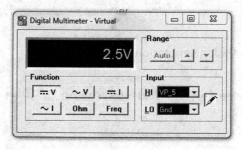

图 5.3-2　在 TINA-TI 中使用数字万用表查看节点电压

仍然是该电路,通过双击电阻 R_1、R_2,在弹出的对话框中修改它们的阻值为 200kΩ。用同样的方法查看此时 VF1 处的输出电压,可以发现多用表显示的输出电压发生了改变,变为 2.49V。不妨继续增大 R_1、R_2 的电阻值,如 2MΩ,此时观察发现 VF1 的输出电压发生了更大的偏移。如果对此感兴趣,不妨尝试不同的电阻值,观察输出的变化。

为什么会有这样的现象?首先需要明确一点:"虚短虚断"概念的提出基于运算放大器是理想的这一前提,理想运放的输入阻抗为无穷大,因而在正相和反相端之间可以看做是断路。而在 TINA-TI(或其他的仿真软件)中,所使用的运放往往更接近于实际运算放大器。

双击运算放大器,单击型号后面的图标,可以看到该运放所使用的模型参数。其中有一项需要注意的是"输入阻抗"。此处选择的 uA741 在 TINA-TI 中的输入阻抗模型参数如图 5.3-3 所示为 2MΩ。当电路中的输入电阻与之相当时,"虚短虚断"法则无法完全适用。

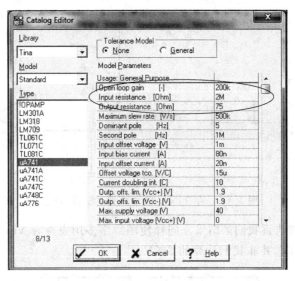

图 5.3-3 查看 TINA-TI 中运放模型输入阻抗

在运放电路中,外部电阻值的选取很重要,如图 5.3-4,外围电阻取值一般应远小于运放输入阻抗;反过来讲,选择运放器件型号时,也应多关注其关键参数值。

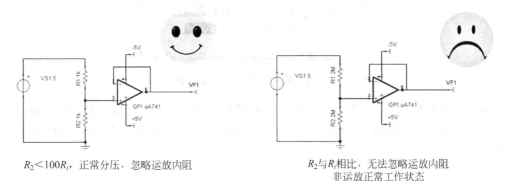

图 5.3-4 外围电阻取值一般应远小于运放输入阻抗

5.4 实验B 电压跟随器

顾名思义,电压跟随器是不起电压放大作用的。具有高输入阻抗,低输出阻抗特性,主要起隔离缓冲作用。

运行 TINA-TI,绘制图 5.4-1 所示的电路。图示为一个反相放大器,输入信号通过 5V 直流信号经变阻器分压后得到。其中变阻器 P1 分值比例为 50%(默认值),即 $P_{1上}=P_{1下}$。其中变阻器和信号链路中的电阻阻值在同一个数量级。

对这个电路进行分析。从左边看,通过分压计算得到:

$$V_{\text{in}} = VS \times \frac{P_{1下}}{P_1} = 5\text{V} \times \frac{1}{2} = 2.5\text{V}$$

当然,通过上一章节的学习,有些学习者会提出不同意见。我们先对该结果持保留意

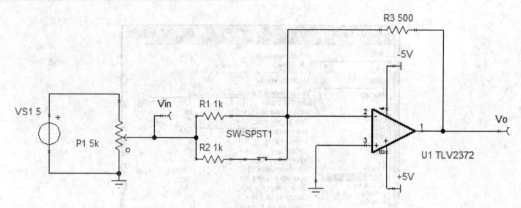

图 5.4-1　在 TINA-TI 中搭建的实验 B 电路

见,先来看看仿真软件告诉我们的结果。同样使用数字多用表查看 Vin 处的电压,如图 5.4-2 所示,显示为 714.3mV,并非我们计算的 2.5V。

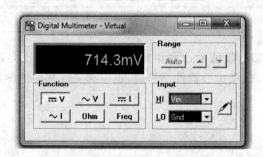

图 5.4-2　利用数字万用表查看输入节点电压

这点其实很好理解,在理论计算中,我们错误地忽略了 Vin 后级电路 R1 和 R2 的影响。如图 5.4-3 所示。它们的阻值相较于前级的滑动变阻器无法忽略,所以在计算时需要将其影响计入。

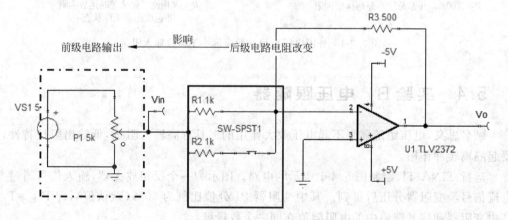

图 5.4-3　后级电路对前级电路的影响

这样的电路可以得到结果,但不是一个很好的设计。原因在于这样的设计意味着后级电路电阻的改变会影响前级电路的输出。

在解决这个问题时,从两个方面来考虑。一个是前级电路,在这里之所以前级输出受影响是因为前级电路的输出阻抗过大,相较于后级电路无法忽略。这点可以类比理想电压源,双击电路中的电压源,可以看到在 TINA-TI 中,电压源的内阻为 0。另一个是后级电路,后级电路的电阻过小,无法忽略。这点可以类比实验 A 中的理想运放,理想运放的输入阻抗为无穷大。

综上所述,应该尽量减小前级电路的输出阻抗,同时尽量增大后级电路的输入阻抗。这两点特性正是电压跟随器具备的特点。所以可以在前后两级电路之间插入一个电压跟随器电路来实现隔离,如图 5.4-4 所示。

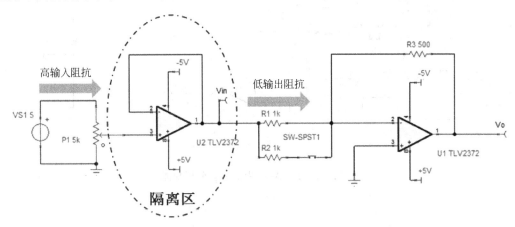

图 5.4-4　电压跟随器的隔离作用

此时再使用 TINA-TI 观察开关闭合前后的 Vin 等参数,发现保持不变,实现了电路的有效隔离。

下面附带介绍如何使用 TINA-TI 查看探测点响应及曲线生成。

TINA-TI 中可以查看各个测试点的对应值随时间变化的情况,并且对各个测试点进行简单的计算,生成相应的曲线。在本节中,我们希望看到 Vout 输出电压,Vin 输入电压,以及增益 G＝Vout/Vin。

如图 5.4-5 所示,单击"Analysis",选择"Transient..."。使用该功能可以查看一定时间段内信号的变化情况。这在瞬态电路的调试中特别有意义,这里我们只是简单地利用其函数计算的功能。

在弹出的对话框里可以输入开始和结束时间,在信号开始时有一定的波动,我们并不关心启动时的瞬间响应,可以将时间后移,不妨设置为 1s。单击"OK",会出现多条曲线显示,调整显示选项,得到期望的视图效果。单击图 5.4-6 所示的按钮(Auto Label),并将鼠标移到对应的曲线,在出现正弦信号图案时单击,可自动标注该曲线对应的探测点名称。如果希望曲线显示在不同的坐标系统,可以单击"View"→"separate curves"实现。

如图 5.4-7 所示,单击"post-processor"按键对曲线进行后期处理。单击右下方的"More"显示更多内容。在该页面左方显示了电路中所有节点的所有可测量参数。如图 5.4-8 所示,可以通过复选框只保留输出"Output"以及"user defined",这样只剩下在电路中的探测点以及后期编辑生成的函数曲线。

将 Vout 加入到下方,编辑增益公式,完成新生曲线增益 Gain。

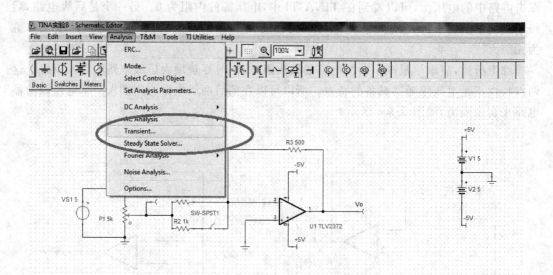

图 5.4-5　TINA-TI 中的曲线分析功能

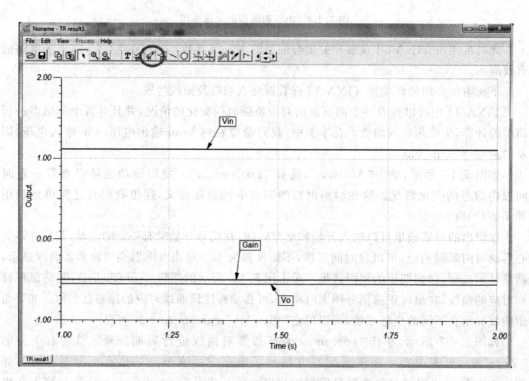

图 5.4-6　使用"Auto Label"功能标注各条曲线

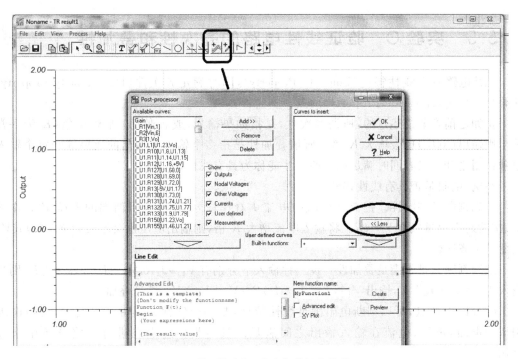

图 5.4-7 使用"后处理"功能进行曲线处理(1)

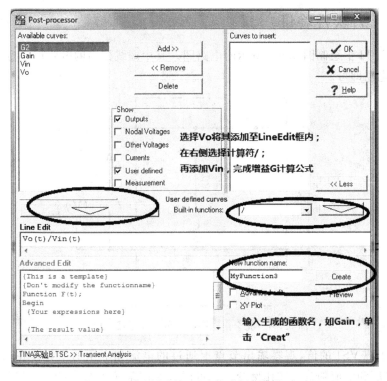

图 5.4-8 使用"后处理"功能进行曲线处理(2)

5.5　实验 C　验证线性电路的齐次性和叠加性

线性电路具有线性特性(Linearity Property),同时满足齐次性(Homogeneity Property)和叠加性(Superposition Property)两点。

正如之前章节描述过的,所谓齐次性,是指如果输入(或者激励)增大 K 倍(K 为一常量),则输出(响应)也会增大 K 倍。所谓叠加性是指多个输入对输出的效果等于每个输入单独作用之和。只有同时满足以上两点才能称为具有线性性。

举例,电阻是否具有线性特性?

首先判断其齐次性。把流经电阻的电流 I 看作输入信号,电阻两端的电压 V 看作输出,按欧姆定律显然有 $V=IR$。将输入电流增大 K 倍,则输出电压也会增大到 K 倍为 KV,因此满足齐次性。

继续判断其是否满足叠加性。设三种输入下分别有 $V_1=I_1R$,$V_2=I_2R$,$V_3=I_3R$,则当输入为 $I=I_1+I_2+I_3$,输出 $V=(I_1+I_2+I_3)R=V_1+V_2+V_3$,满足叠加性。

综合以上两点,可以判断电阻满足线性特性,是一个线性元器件。事实上,仅由电阻构成的电路,电压、电流在输入输出之间满足线性特性。这点在进行电路分析中十分有用。

可以利用 TINA-TI 更为直观地验证线性电路的齐次性和叠加性。

5.5.1　齐次性验证

在 TINA-TI 中绘制图 5.5-1 所示的电路图。其中虚线框内的电路可任意搭建,只需保证是纯电阻电路即可。

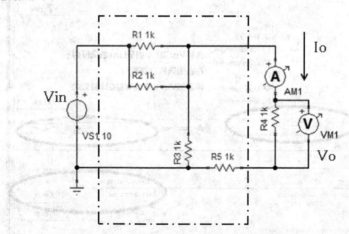

图 5.5-1　完全由电阻搭建的电路是线性电路

改变电压源 VS1 的值,观察输出节点上通过的电流和电压的变化。在这里可以观察到,输出的电压和电流随输入成比例变化。可以多次调整输入的值,继续观察。如图 5.5-2 所示。

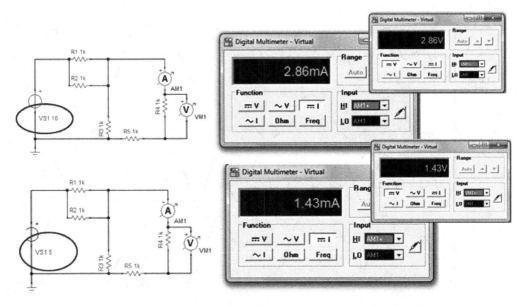

图 5.5-2　使用数字万用表查看节点电压和电流是否满足齐次性

5.5.2　叠加性验证

在 TINA-TI 中绘制图 5.5-3 所示的电路(可以在一个文件中绘制三个电路)。其中右侧两个电路为第一个电路中两个电压源独立作用。需要验证的是:

$$I_{R3} = I_{R6} + I_{R9}$$
$$V_{R3} = V_{R6} + V_{R9}$$

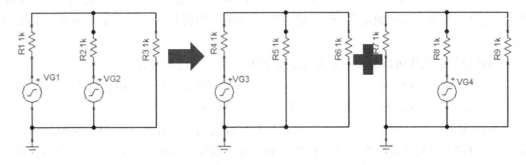

图 5.5-3　将多个供电源的电路拆分为两个单独供电电路

在这里,可以使用实验 B 中学习到的观测方法来验证。利用 TINA-TI 暂态分析的功能,创建新的函数曲线为 $I_{total} = I_{R6} + I_{R9}$。比较 I_{total} 和 I_{R3} 之间的关系。对比两条曲线,即图 5.5-4 中的第一条和第四条,可以发现两条曲线完全一致,验证了电流的叠加性。同理观察电压的叠加性。

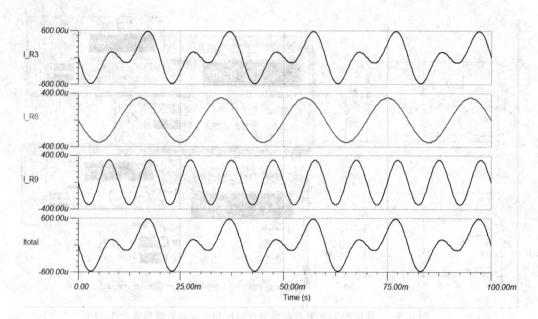

图 5.5-4 通过 R3 的电流等同于通过 R6 与 R9 电流之和

5.6 实验 D 运算放大器典型应用电路：反相放大电路

在本实验中,将会接触到一个之前章节讨论过的、最基本的由运算放大器构成的放大电路:反相放大电路。

设计一个反相放大电路,首先需要了解电路模型,设计电路;然后根据需求选择合适的器件,包括运算放大器有源器件,也包括电阻电容等无源器件的选择;最后制作电路板并调试。

电路设计的工作可以简单地借助电路设计软件来更方便地进行。

登录 http://www.ti.com/lsds/ti/analog/webench/amplifiers.page,在 Webench 设计中心里看到专门一项反相放大器设计。单击"启动设计工作"。

如图 5.6-1 所示,在设计页面可以看到典型运放构成的反相放大电路。将鼠标移到不同位置,可以查看各个部分在电路中的作用和设计中的注意事项。如图 5.6-2 所示,可以看到其中 V_{IN} 作为输入源,需要注意的是反相放大器,顾名思义,经过该电路后的输出信号方向(相位)发生了改变,也就是说如果给的是正输入信号,输出的会变为负信号;Rg,Rf,Cf 共同完成了电路的放大功能,其中增益 $G=V_{\text{OUT}}/V_{\text{IN}}=-Rf/Rg$;$Rb$ 为匹配电阻,减小输入偏置电压。

可以利用该工具,输入设计需求以辅助生成参考设计,给出各器件的参考选型,如图 5.6-3 所示。下面介绍反相放大电路中的器件选型。

反向放大器

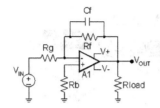

反向放大器将输入电压和所需负增益相乘：

$$Vout = -(Rf/Rg) \times Vin$$

注意，在只有一个正电源电压时，输入电压必须为负值，以保证产生正输出。

启动设计工作

交流耦合反向放大器

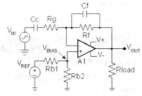

电路将非直流输入电压和所需负增益相乘：

$$Vout = [-(Rf/Rg) \times Vin(p-p)] + Vbias$$

该电路将 Vbias 添加至非反向输入，使该输入电压处于普通放大器工作范围之内。该电路还会为输出提供补偿，使其处于工作范围之内。它还可用作宽带带通滤波器（每十倍频衰减 20 dB）。要了解带通滤波器，请参阅 WEBENCH® 有源滤波器设计器。

启动设计工作

非反向放大器

WEBENCH 使用说明

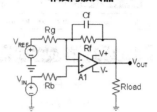

非反向放大器将输入电压 (Vin) 乘以所需正增益，然后减去一个与施加的参考电压成比例的电压：
$$Vout = Vin \times (1 + Rf/Rg) - Vref \times (Rf/Rg)$$。注意，如果 Vref = 0V，则输出电压等式简化为：

$$Vout = Vin \times (1 + Rf/Rg)$$

反馈电容器 Cf 会使频率大于 1/2pi x RfCf 的增益产生滚降，从而降低高频噪声。

启动设计工作

低通滤波器

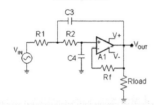

四阶低通滤波器

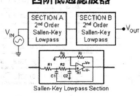

该四阶低通滤波器的两个二阶部分都使用了

高通滤波器

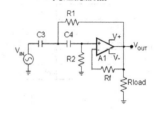

图 5.6-1　Webench 设计中心提供多种电路设计指南

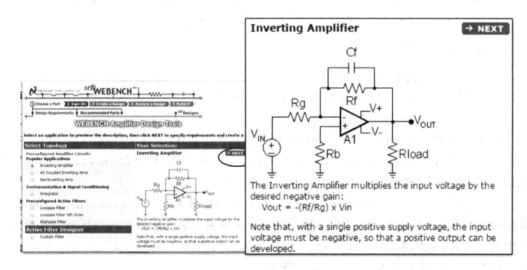

图 5.6-2　反相放大器典型电路

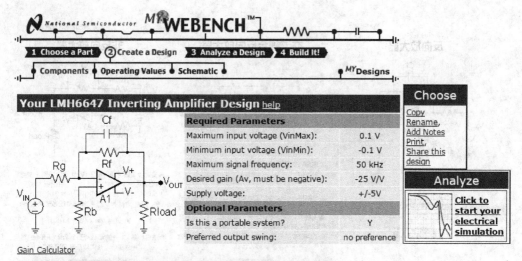

图 5.6-3　Webench 中给出电路各器件的参考选型

5.6.1　运放外围元件的影响

设计软件给出了反相放大电路中各器件的参考选型。首先是电阻电容的选取要求：

- R_g 和 R_f 的取值区间一般为千欧级别，不易过大或过小

- 满足 $G = -\dfrac{R_f}{R_g}$

- Rb 的值为 Rg 和 Rg 并联和的值

下面利用 TINA-TI 来看看如果放大通路中的电阻取值过大或过小对性能的影响。

■ 情况一　Rg 和 Rf 取值过大

在 TINA-TI 中绘制图 5.6-4 左图所示的电路。选用 LM318 通用运放，两组对比，上方电阻选取合适，下方电阻配置为 $10M\Omega$ 和 $100M\Omega$。输入信号源峰峰值 $20mV$，$100Hz$，$1V$ 直流偏置。增益为 10，期望的输出为加载在 $10V$ 上的峰峰 $200mV$ 的信号。

从仿真结果（如图 5.6-4 右图所示）中可以看出，当电阻取值过大时，其输出信号的直流值有较大的偏差。原因在于运放中的偏置电流在大电阻上会产生较大的电压差。这样，电路中偏置电流的影响无法忽略，尤其对于偏置电流大的运放。电路中的节点电压查看可使用示波器功能，具体方法可参考本实验后附录。

实际上，可以在 TINA-TI 里查看所使用的运放的偏置电流，如图 5.6-5 所示。$30nA$ 的失调电流在 $100M\Omega$ 的电阻上产生的影响约为：$30nA \times 100M\Omega = 3V$，因为会看到仿真结果中曲线向负相出现 V 级漂移。

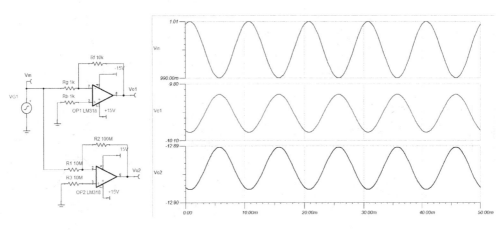

图 5.6-4　电阻选值过大影响输出结果

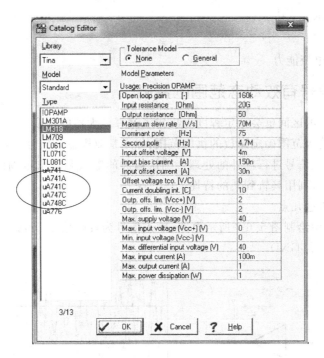

图 5.6-5　TINA-TI仿真时模型采用的运放偏置电流为30nA

- **情况二　Rg和Rf取值过小**

与上面类似,可以看一下当电阻选取过小时会发生什么。在 TINA-TI 中绘制图 5.6-6 左图所示电路。输入信号源峰峰值 20mV,频率 100Hz,1V 直流偏置。

在仿真结果中发现在这种情况下,电路没有正常工作。其原因在于 Rf 特别小的情况下,实际运放会有大电流通过,如果超出了最大的输出电流,运放无法正常工作,正反馈无法建立。

接下来看反相放大电路中的有源器件运算放大器的选型考虑因素。

从前面的分析,在对于小信号输入,需关注其精度,运放要求:

- 失调电压小

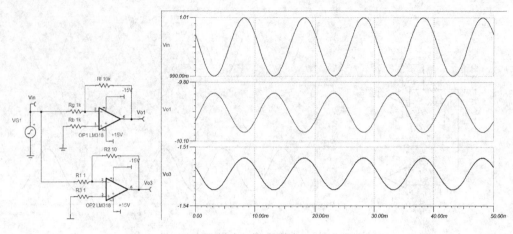

图 5.6-6 电阻选值过小时运放无法工作在放大区间

- 偏置电流小
- 输入阻抗高
- 注意输出电流能力

5.6.2 信号有效动态范围的影响

信号有效变化的区间也会一定程度上决定了运算放大器的选取。

根据信号的输入范围确定运放的供电范围,如果是双极输入信号,需正负供电;若采用单极供电,则对输入信号进行额外的处理。确认运放的输入和输出范围以保证输入和输出信号完全通过运放,利用其轨到轨的特性。

下面依次分析这几点。

在 TINA-TI 中绘制图 5.6-7 所示电路,输入信号为峰峰值 200mV,无直流偏置的正弦信号,供电为 +5V 和 GND。

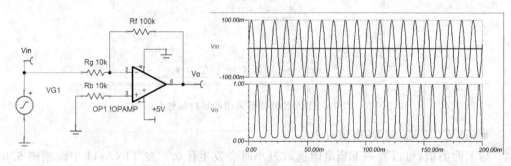

图 5.6-7 运放单极供电时无法输出负相信号

发现输出信号只有正相,负信号信息丢失。这个现象出现的原因是运放的供电范围为 0～+5V,意味着运放的工作区间不会超过这个范围,如果想得到完整的输出信号,必须同时给运放提供负端供电。在修改运放的负相供电后得到完整的输出信号,如图 5.6-8 所示。

在正负供电基础上,如果修改输入信号,增大输入信号范围至峰峰值 1000mV,理论输出应为 -5V～+5V。此时观察输出信号,发现其正相端有部分信号被"截止"了,如图 5.6-9 所示。

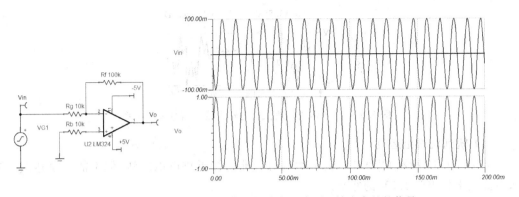

图 5.6-8　用±5V 双电源供电的放大电路可以输出完整的信号

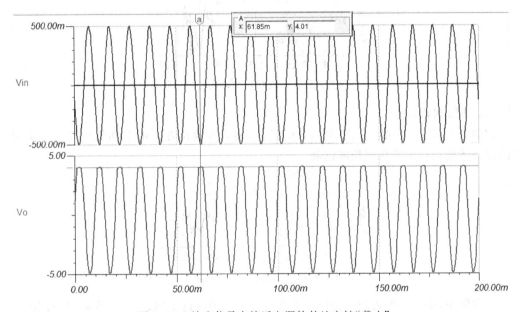

图 5.6-9　输出信号在接近电源轨的地方被"截止"

我们查看 LM324 数据手册中关于输出电压的描述,发现其输出的高电平为 Vcc-1.5(V),如图 5.6-10 所示,也就意味着输出电压无法达到 Vcc(+5V),有约 1.5V 的裕量。

			R$_L$ = 2 kΩ		25°C	V$_{CC}$ – 1.5		V$_{CC}$ – 1.5			
V$_{OH}$	High-level output voltage		R$_L$ = 10 kΩ		25°C						V
		V$_{CC}$ = MAX	R$_L$ = 2 kΩ	Full range	26		26			
			R$_L$ ≥ 10 kΩ	Full range	27	28	27	28		
V$_{OL}$	Low-level output voltage		R$_L$ ≤ 10 kΩ	Full range		5	20	5	20	mV

图 5.6-10　LM324 的输出最高电平为 Vcc-1.5V

到这里,我们引入一个新名词:轨到轨输入输出(Rail-to-Rail Input/Output)。

根据轨到轨输入输出情况,运放可以分为如下三类。

(1) 轨到轨输入和输出运放

如图 5.6-11 所示的 OPA365,输入和输出摆幅都能非常接近供电电源轨,但也不能完全达到。

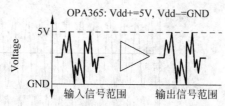

图 5.6-11　轨到轨运放供电与输入输出信号范围关系

（2）轨到轨输出运放

如图 5.6-12 所示 OPA335，输出摆幅可以非常接近供电电源轨，但不能完全达到。输入在高电平处需要 1.5V 的净空。

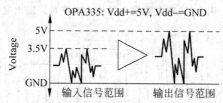

图 5.6-12　轨到轨输出运放供电与输入输出信号范围关系

（3）非轨到轨运放

如图 5.6-13 所示 μA741，LM324，OP27 等，输入和输出在高电平和低电平处都需要一定的净空才能保证不发生削顶或削底。

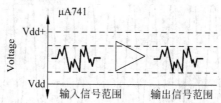

图 5.6-13　非轨到轨运放供电与输入输出信号范围关系

在本例中，更换一个轨到轨输出运放即可较好地解决这个问题，或者提高供电范围。如图 5.6-14 中的运放，选择 TLV2372，该运放为轨到轨输出运放。但需要注意的是，即使是轨到轨输出运放，其输出也不是完全到达电源轨，而是裕量很小，可以忽略。

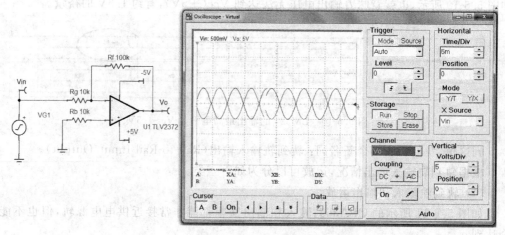

图 5.6-14　使用轨到轨运放后信号完整输出

5.6.3　信号频率的影响

除了考虑信号幅度范围外,还需要关注信号的频率。

依然是上面的简单放大电路,改变输入信号的频率,增大到 3MHz。此时查看输出,如图 5.6-15 所示,发现输出信号产生了失真。

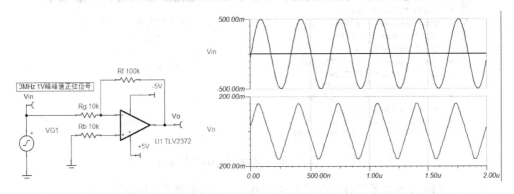

图 5.6-15　输入信号频率增大导致输出信号失真

这里引入两个新名词:带宽(Bandwidth)和压摆率(Slew Rate)。

其中,带宽决定了放大信号时运放的速度。带宽和增益相关(注:GBP 概念对 VFB-电压反馈型运放有效)。

增益带宽积(Gain Bandwidth Product)＝Gain ∗ Bandwidth。

举例:

a)如果一个运放 GBP 指标为 1MHz

b)当电路增益为 100 时,其带宽只有 10kHz

注意:实际使用时,预留 10× 甚至 100× 的裕量

压摆率,衡量大信号通路时,运放的输出能否及时响应快速变化输入信号的指标。图 5.6-16 给出了压摆率与带宽和信号幅度的关系示意。

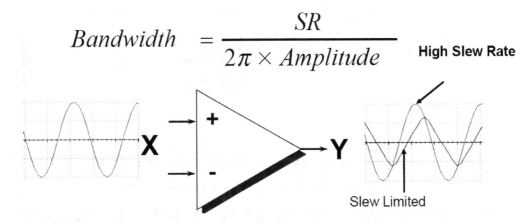

图 5.6-16　压摆率与带宽和信号幅度的关系

而在 TLV2372 的数据手册中可以看到,其带宽为 3MHz,压摆率为 2.4V/μs,如图 5.6-17 所示。如果需要处理 3MHz,10V 的信号需要选择频率范围更广的运放。

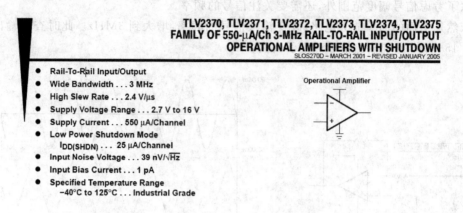

TLV2370, TLV2371, TLV2372, TLV2373, TLV2374, TLV2375
FAMILY OF 550-μA/Ch 3-MHz RAIL-TO-RAIL INPUT/OUTPUT
OPERATIONAL AMPLIFIERS WITH SHUTDOWN
SLOS270D – MARCH 2001 – REVISED JANUARY 2005

- Rail-To-Rail Input/Output
- Wide Bandwidth . . . 3 MHz
- High Slew Rate . . . 2.4 V/μs
- Supply Voltage Range . . . 2.7 V to 16 V
- Supply Current . . . 550 μA/Channel
- Low Power Shutdown Mode
  $I_{DD(SHDN)}$ . . . 25 μA/Channel
- Input Noise Voltage . . . 39 nV/√Hz
- Input Bias Current . . . 1 pA
- Specified Temperature Range
  −40°C to 125°C . . . Industrial Grade

Operational Amplifier

图 5.6-17 TLV2372 的带宽为 3MHz,压摆率为 2.4V/μs

关于运放的选型需要综合实际信号的情况,寻找符合性能指标的运放。

TI 提供一个免费使用的运算放大器选型软件,其软件图标如图 5.6-18 所示。登录 http://www.ti.com/tool/opamps-selguide 下载并安装。

运行后,如图 5.6-19 所示,在搜索框内填入要求,软件会筛选出满足条件的运放。列出各项详细参数,同时提供比较功能,如图 5.6-20 所示。

图 5.6-18 TI 运算放大器
选型软件图标

图 5.6-19 在 op Amp Selguide 中勾选填写运放的筛选条件

最后总结反相放大电路设计的几个要点。用参考设计软件搭建电路结构,根据放大比例确定电阻比值,电阻选值在 1~100kΩ 级别。对于运放的选择,要保证精度,注意其失调电压,偏置电流小。信号完整性方面,注意供电电源轨,轨到轨的特性,以及带宽和压摆率特性。

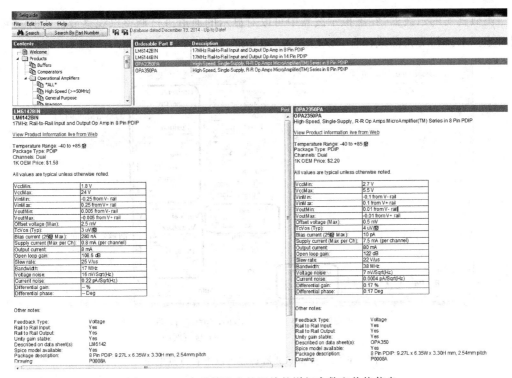

图 5.6-20 查看筛选出的运放的详细参数和价格信息

5.6.4 TINA-TI 中使用虚拟示波器观察波形

如图 5.6-21 所示单击"T&M"下的"Oscilloscope"调出虚拟示波器窗口。

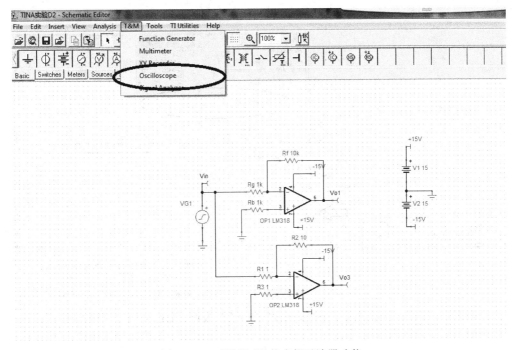

图 5.6-21 TINA-TI 的虚拟示波器功能

　　类似真实的示波器,在虚拟示波器中可以对显示的通道进行调整以观察最合适的波形。同时虚拟示波器支持曲线保存,以便进行后期处理,如图 5.6-22 所示。

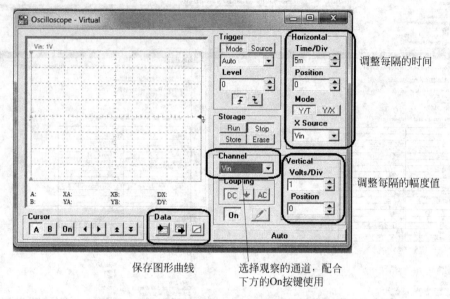

图 5.6-22　虚拟示波器功能可以查看节点电压

　　单击"Run"后,在示波器显示界面中会显示对应通道的波形,通过"Channel"下拉菜单将 Vin,Vo1 和 Vo3 选择上。此时可以通过调节使得曲线显示便于观察,如图 5.6-24 所示。另一种非实时观察的方法,可以单击"Stop"后,单击"Data"框中的"Export curves"可以将激活的曲线全部显示出来。在窗口的"View"下拉菜单中将这些曲线分开显示,如图 5.6-23 所示。

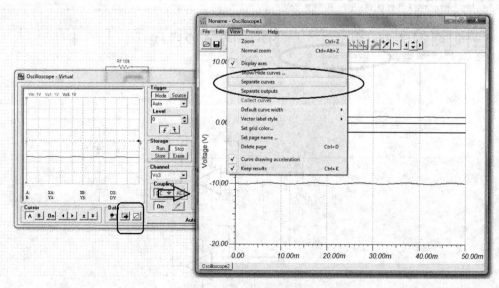

图 5.6-23　虚拟示波器观测多路波形功能选择

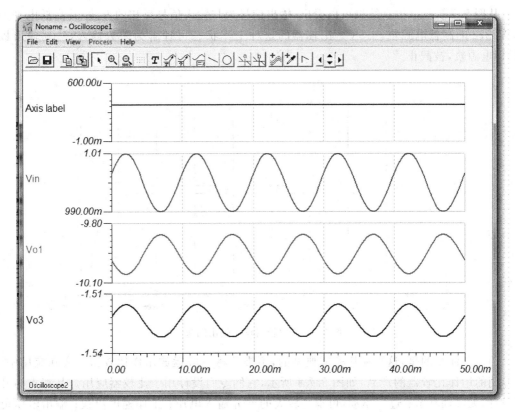

图 5.6-24　虚拟示波器同时观测多路电压波形

5.7　实验 E　运算放大器应用电路：电压比较器

在不加负反馈回路时，运放可以用作比较器，如图 5.7-1 所示。将输入信号 Vin 与参考电平 Vref 比较，当 Vin＞Vref 时，输出电源轨低电平；当 Vin＜Vref 时，输出电源轨高电平。

在 TINA-TI 中绘制图 5.7-2 所示的电路，假如输入信号 Vin 为 0～3.3V 的方波，设置比较电平 Vref 为 1.65V，利用示波器观察输出信号 Vout。

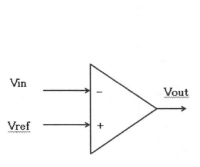

图 5.7-1　比较器示意图

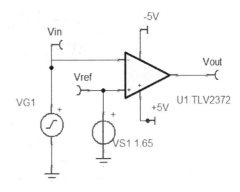

图 5.7-2　利用 TINA-TI 搭建基于运放 TLV2372 的简单电压比较器电路

从图 5.7-3 所示仿真结果可以看出，输出信号为与输入信号反相的方波，其高低电平为 TLV2372 的高低电源轨，±5V。比较器的这种工作状态可理解为差分输入，达到输出极限，即电源轨，被截止。

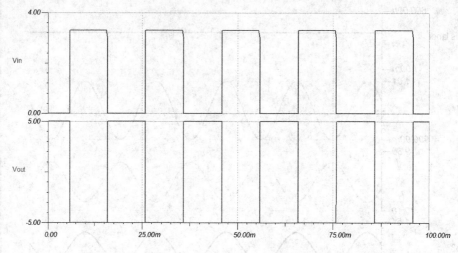

图 5.7-3　比较器输入输出结果

但需要注意的是，这种应用是非典型的，不推荐将一般运放用作比较器。实际应用中，有专门的用作比较器的产品，如图 5.7-4 所示，它们专门设计用于比较器应用。其特点为开环设计，无反馈环节；过压驱动，可承受较大的差分输入电压；工作速度更快；输出电压范围可控。

图 5.7-4　德州仪器提供专门的比较器产品

CHAPTER 6

第 6 章

设计和制作增益可控

放大器基础部分

6.1 本章引言

开篇时简要介绍过本书工程实践项目的主要内容。实验作品的核心是一个称作"增益可控放大器"的实体电路。从现在起,我们真正开始设计和动手制作该作品。本章中先行完成作品的基础部分,重点是以运算放大器芯片为核心器件的模拟电路,不包括单片机电路。

基础部分的电路需要达到一些功能和指标要求。以这些要求为目标,我们逐步开展电路设计和制作。首先,我们选定一种运放经典应用电路,将它的基本拓扑形式当作设计起点;然后,在其基础上设计出多级增益的技术原型方案;再细化为工程实用电路方案;最后,分步骤动手制作基础部分的实际电路,过程中安插必要的阶段性测试,最后完成整个基础部分的调测。

本章实验所制作的基础电路,将在后续实验中继续进行改造和性能升级。

6.2 基础部分的功能和指标要求

以下列出了基础部分电路的功能和指标,必要之处借助定量化的数学描述。

■ 单输入、单输出放大电路

输入可以是连续的交变信号(例如正弦波形信号),也可以是直流信号。

■ 增益和绝对增益

输入信号 V_i 与输出信号 V_o 成正比例关系。输出信号相对于输入信号的比率称为增益,用 G 表示,$G = \dfrac{V_o}{V_i}$。定义绝对值增益 $|G| = \left| \dfrac{V_o}{V_i} \right|$,在本项目中增益均指绝对值增益。

■ 增益可变

电路的增益(绝对值增益)可变,能在 15 种数值等级间切换,$|G| \in \{g_n\}$,其中 $n = 1, 2, \cdots, 15$;而 $g_n = \dfrac{n}{10}$。

也就是说,绝对值增益 $|G|$ 取值仅限于 $0.1, 0.2, 0.3, \cdots, 1.5$ 这 15 个数值之一,电路相应有 15 种工作状态。

- 增益可键控

电路中包含类似电键的元件,通过或闭合或断开的变化来切换电路工作状态(对应不同的增益等级)。

- 增益误差

实际电路的增益总有误差,当电路处于工作状态 $|G| = g_n$ 时,实测增益 $g_{n实测}$ 相对于理论增益的误差不大于 3%,即

$$E_n = \frac{|g_{n实测} - g_n|}{g_n} \times 100\% \leqslant 3\% \qquad (6.3\text{-}1)$$

6.3 选择核心电路的基本拓扑形式

图 6.3-1 是所需设计的增益可控放大器功能示意图,输出信号可以与输入信号同相,也可以反相。

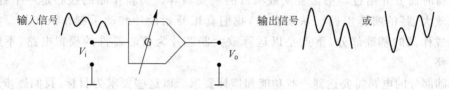

图 6.3-1 增益可控放大器功能示意图

回顾开头章节陈述的电路理论知识,曾提及工程实用电路的设计往往是参考经典的功能电路,再加以灵活改造。

从曾经探讨过的基本运算电路中,我们找出两种可供参考的经典应用电路形式,分别是同相放大器和反相放大器。

图 6.3-2 所示为同相放大器的理论电路,它的增益表达式为

$$G = \frac{V_{OUT}}{V_{IN}} = 1 + \frac{R_f}{R_1} \qquad (6.3\text{-}2)$$

而以图 6.3-3 所示为反相放大器的理论电路,它的增益表达式为

$$G = \frac{V_{OUT}}{V_{IN}} = -\frac{R_f}{R_1} \qquad (6.3\text{-}3)$$

与上节罗列的技术要求做比对,由于本例设计只需满足绝对值增益要求,所以式(6.3-3)所代表的反相放大器更加适合。因此,我们把图 6.3-3 展示的反相放大器选定为核心电路的基本拓扑结构,作为整个设计的起点。

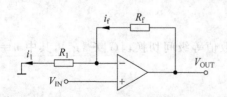

图 6.3-2 同相放大器的理论电路

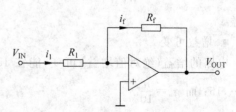

图 6.3-3 反相放大器的理论电路

6.4 设计带电键控制的多级增益反相放大电路

反相放大器的增益由运放芯片的外部元件确定。如果其中一个电阻元件使用滑动变阻器(图 6.4-1),那么人工手动调节就可以改变电路增益。不过,常规滑动变阻器的阻值无法受控于电信号,例如单片机输出的高低电平信号。为给单片机控制增益做好技术准备,技术要求中明确提到放大器电路中要包含电键式开关元件,通过电键的闭合或断开来改变电路的增益。

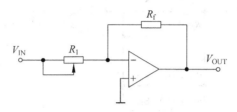

图 6.4-1 带滑动变阻器的反相放大器

6.4.1 方案一

图 6.4-2 给出了一种带电键的实现方案。它包含 15 路独立的反相放大器,分别对应所需的 15 种增益值。它们的输入端短接,每路输出都串联一个电键开关。如需输出某种增益的信号,仅需选通该路开关,同时其余各路开关均断开。

这个电路方案虽能满足技术要求,但电路十分繁复,尤其是要使用多达 15 个运放单元。

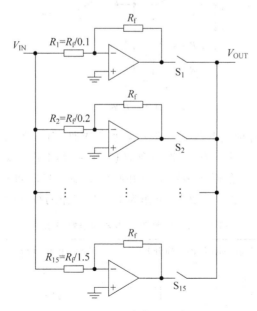

图 6.4-2 方案一电路

6.4.2 方案二

同样是以反相放大器为基础,图 6.4-3 的方案二是对方案一电路的明显改进。两者原理上有相近之处,方案二仍然包含 15 路电键开关,每一个开关与一个输入端电路串联。如需输出某种增益的信号,仅需选通该路开关,同时其余各路开关均断开。但是整个电路只需用到一个运放单元。

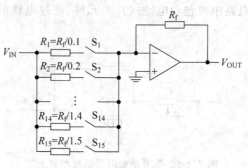

图 6.4-3　方案二电路

6.4.3 方案三

图 6.4-4 电路是对方案二的进一步优化,只包含 4 路电阻-开关串联体。那么,如何用 4 路开关实现所需的 15 种增益模式呢?

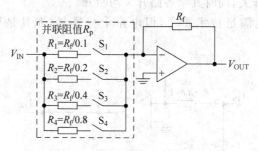

图 6.4-4　方案三电路

方案二的电路在工作时有且仅有一路开关处于选通,而方案三中的开关可以多路组合选通。显然,开关组合的方式共有 2^4 即 16 种,但其中一种(4 路开关全都断开)无实用意义,可排除。在有些组合态下,会形成多路电阻并联的效果。我们将有意义的 15 种组合列作表 6.4-1,可见该方案能满足设计要求,可作为下一步工作的技术原型电路。

表 6.4-1　15 种开关组合的绝对值增益

| 序号 | 开关状态(1=闭合,0=断开) | | | | 并联阻值 | 绝对值增益 |
	S_4	S_3	S_2	S_1	R_p	R_f/R_p
1	0	0	0	1	$R_f/0.1$	0.1
2	0	0	1	0	$R_f/0.2$	0.2
3	0	0	1	1	$R_f/0.3$	0.3
4	0	1	0	0	$R_f/0.4$	0.4

序号	开关状态(1＝闭合,0＝断开)				并联阻值 R_p	绝对值增益 R_f/R_p
	S_4	S_3	S_2	S_1		
5	0	1	0	1	$R_f/0.5$	0.5
6	0	1	1	0	$R_f/0.6$	0.6
7	0	1	1	1	$R_f/0.7$	0.7
8	1	0	0	0	$R_f/0.8$	0.8
9	1	0	0	1	$R_f/0.9$	0.9
10	1	0	1	0	$R_f/1.0$	1.0
11	1	0	1	1	$R_f/1.1$	1.1
12	1	1	0	0	$R_f/1.2$	1.2
13	1	1	0	1	$R_f/1.3$	1.3
14	1	1	1	0	$R_f/1.4$	1.4
15	1	1	1	1	$R_f/1.5$	1.5

6.5　设计详细的工程实用电路原理图

图 6.4-4 可以看作是核心电路的原型,需要进一步细化设计,将工程实现中的细节考虑清楚,才能形成详细的工程实用电路原理图纸。

图 6.5-1 是使用 EDA 软件 AltiumDesigner 绘制的实用电路原理图。该软件的使用方法超出了本书的讨论范围,完成本书实验无需掌握 AltiumDesigner 的用法。这个实用电路以方案三为原型基础(两图中元件及编号的对应关系如表 6.5-1 所列),兼顾到以下各方面因素,经综合设计而成。

表 6.5-1　原型电路与实用电路核心部分的对应关系

序　号	图 6.4-4 的元件	图 6.5-1 的元件
1	反馈电阻 R_f	R_1
2	电阻 R_1	R_3 和 R_4 的串联
3	电阻 R_2	R_5 和 R_6 的串联
4	电阻 R_3	R_7 和 R_8 的串联
5	电阻 R_4	R_9 和 R_{10} 的串联
6	开关 S_1、S_2、S_3、S_4	开关 S_1、S_2、S_3、S_4
7	运放	TLV2372 运放单元 U1A

■ 运放芯片供电

运放芯片是有源器件,其电源引脚必须有电能量供入,芯片才能正常工作。本例中,输入信号可能是交流形式,信号交变中瞬时电平有时为正向值,有时为负向值;输入信号也可能是直流形式,可能是正电平,也可能是负电平。所以,运放有必要用正负电源供电(可回顾前章的电路仿真实验 D)。

另外,本实验中,输入信号虽可为交流形式,但信号频率可限定在音频及以下,也就是大约 10kHz 以下。

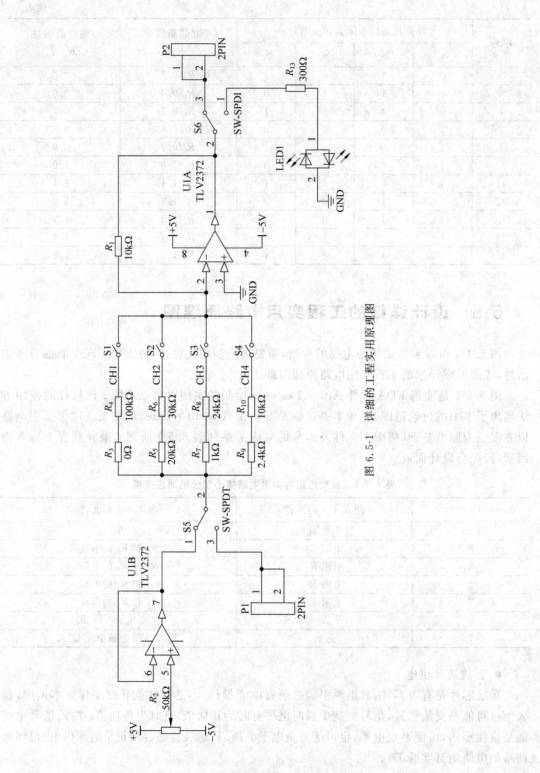

图 6.5-1　详细的工程实用原理图

我们使用 TI 公司的 TLV2372。这是一款轨到轨输入/输出的双运放芯片,在一个芯片中有两个运放单元,在电路仿真实验 D 中已经有所介绍。其供电电压范围可从 2.7V 至 16V。本实验中我们采用＋5V/－5V 双电源供电(相当于 10V 供电),正好也是实验底板可以提供的电源。

■ 运放外部电阻元件

之前章节介绍过普通商品电阻元件(例如常用的国标 E-24 系列)的阻值序列。在工程实际中,为能取得合适的阻值,一般需要进行搭配(电阻并联或串联)。图 6.5-1 中每一条开关通路中安放两只电阻元件,便于制作过程中灵活搭配。

根据前章做仿真实验 D 中获得的知识,我们选择的运放外部电阻的阻值均在 2kΩ 至 200kΩ 之间,比运放的输入阻抗小一个以上数量级,比其输出阻抗大一个以上数量级。

结合表 6.4-1 的电阻间比值设计,图 6.5-1 中给出了核心电路运放外部电阻元件的阻值参考。

■ 输入信号来源和接入方式

为充分测试电路性能,分别需要合适的直流输入信号和交流输入信号。图 6.5-1 中单刀双掷开关 S5 用来选择输入信号来源。当其 1-2 脚选通时,输入信号来自以运放单元 U1B 为核心的电路,该电路提供一个直流电压信号,电压值可由变阻器 R2 调节;当 S5 开关 2-3 脚选通时,输入信号来自 P1 接口引入的外来信号,通常是接专用设备,例如函数信号发生器,由设备给出交流信号(一般是正弦波信号)。

注意观察运放单元 U1B 外部连线,该电路是之前章节中曾介绍过的电压跟随器。变阻器 R2 可以通过分压效应,选择(－5V,＋5V)范围内的电压,经跟随器向后级传递。考虑到核心电路的绝对值增益最大为 1.5,所以输入的信号电压最好人为约束在 [－3V,＋3V] 区间内。

■ 输出信号的观测

对核心放大电路输出信号,在图 6.5-1 电路中可以有两种观测方式。当 S6 开关的 1-2 脚选通时,输出信号被导向一个双向发光二极管 LED1。当输出电压为正值,且绝对值大于一定值时,LED1 发红光,且电压较高则发光管较亮;反之,当输出电压为负值,且绝对值大于一定值时,LED1 发绿光,且电压较高则发光管较亮。串联的电阻 R_{13} 使发光管的工作电流被限制在较合理的范围内。

当 S6 的 2-3 脚选通时,输出信号被导向 P2 接口,可使用万用电表电压档测量直流电压,或用示波器观测输出信号波形。

6.6　制作实体电路的几种器材用法

如果要把图 6.5-1 电路转化为实体制作,需要用到一些器材。下面简要介绍几种实验器材的正确用法。

■ 电路搭试板(洞洞板)

之前章节简要介绍过为本书实验专门定制的器材中就有电路搭试板,因为其大小尺寸及四角的安装孔,都是与实验底板相配套的。

图 6.6-1(a)、(b)、(c)是其正面、反面照片及反面局部图。它的反面(又称焊接面)整齐

排布了很多焊盘,正面有与焊盘对应的穿孔。元器件一般从正面安放,引脚穿过焊盘孔,所以正面又可称元件面。实验底板上有两个专为该板预留的插装位置,此位置的平面大小特称一个"单元"。目前的洞洞板都为一单元大小,未来可能出品二单元大小的洞洞板。

(a) 正面图   (b) 反面图

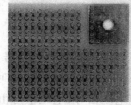

(c) 反面局部图(反面有覆铜,覆铜表面有镀锡)

图 6.6-1 电路搭试板(洞洞板)的实物图

在一单元洞洞板的四角装上配套的接插器件(称"香蕉插头"),如图 6.6-2 所示,就可以让试验板插装在实验底板上,并通过香蕉插头从底板取电(+5V 和−5V,以及共地),供给洞洞板上焊装的电路。

(a) 装上香蕉插头的洞洞板(正面)   (b) 装上香蕉插头的洞洞板(反面)

(c) 洞洞板插装在底板上取电

图 6.6-2 洞洞板的插装和取电方式

■ 集成电路插座

之前章节简要介绍过各式集成芯片插座。本章首先用到的是八脚双列直插式(DIP8)

插座,用于插装 TLV2372 运放芯片,如图 6.6-3 所示。使用芯片插座可以大大方便实验电路测试和更换损坏的芯片,但是这种做法一般仅限于测试阶段的在研电路,因为设计简单的普通插座可能无法保持电气连接的长期稳固。正规产品电路板上芯片通常直接焊接。

(a) DIP8插座

(b) 洞洞板上的DIP8插座(注意缺口方向)

(c) 插装了芯片的插座(注意芯片方向)

图 6.6-3　DIP8 插座的用法

- 跳线开关的制作

可以用图 6.6-4(b)所示的单排针(从长排中剪取了合适长度)制作图 6.5-1 电路中的开关。S1 至 S4 都是单刀单掷型开关,可剪取两针焊装在板上,用跳线帽(短路栓)来改换闭合/断开状态(图 6.6-4)。

(a) 剪取的单排针

(b) 断开状态

(c) 闭合状态

图 6.6-4　使用单排针制作单刀单掷型开关

S5 和 S6 是单刀双掷型开关,可剪取三针焊装在板上,用跳线帽选择连通 1-2 或 2-3 脚(图 6.6-5)。图 6.6-6 示出了另一种制作方式。

有时,如有必要,也可以用杜邦线连接间距较远的针脚(图 6.6-8)。

(a) 剪取的单排针

(b) 1、2号引脚连通

(c) 2、3号引脚连通

图 6.6-5　一种使用单排针制作的单刀双掷型开关

(a) 剪取的单排针

(b) 1、2号引脚连通

(c) 2、3号引脚连通

图 6.6-6　另一种使用单排针制作的单刀双掷型开关

- 变阻器

形如图 6.6-7 所示的多圈精密电位器可用来作为图 6.5-1 电路中的变阻器 R_2，中心接头对应于其中间引脚。其内部有多圈电阻丝，用螺丝刀转动上部旋钮，可以改变滑阻中间接头的位置。

- 双向发光二极管

形如图 6.6-8(a) 所示的发光二极管可用作图 6.5-1 电路中的 LED1，有长短两个引脚。定义长脚编号为 1，

中心接头引脚

图 6.6-7　滑动变阻器

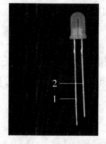
(a) 双向发光二极管(长脚为1号引脚，短脚为2号引脚)

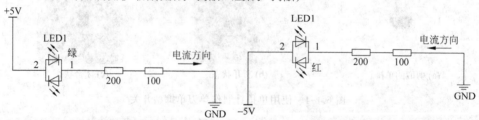
(b) 绿色发光的试验电路

(c) 红色发光时的试验电路

(d) 绿色发光的效果

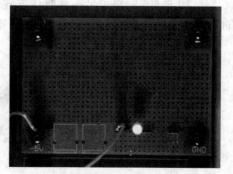
(e) 红色发光的效果

图 6.6-8　双向发光管的用法举例

短脚编号 2。该器件内部有两个发光二极管单元。当有足够大电流（一般为 $2\sim20\text{mA}$）从 1 至 2 通过器件时，该器件发红光，如图 6.6-8(c) 所示；电流反向由 2 至 1 通过，器件发绿光，如图 6.6-8(b) 所示。电流越大时亮度越高，但工作电流大于 10mA 后亮度增加的效果不再明显。

- 电路测试点、输入输出端子制作

图 6.5-1 电路中安放了 P1 作为测试信号（交流信号）输入的端子，P2 作为输出信号测试端子。制作实体电路时，可以剥取一定长度的裸线焊装成图 6.6-9 中的样式，作为实验电路的测试点，或者电路的输入、输出端子。

(a) 接信号线鱼夹　　　　　　(b) 供表笔测量

图 6.6-9　输入输出端子制作

6.7　制作和调试实体电路

从此处开始，我们正式动手制作实体电路作品。

图 6.7-1 是原理图 6.5-1 对应的实体电路参考作品。在一块搭试板上，该部分电路主要占用了右侧半边，左半边留给下一章增补的电路。

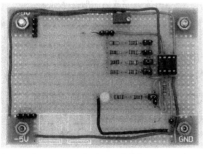 

(a) 俯视图　　　　　　　　(b) 侧视图

图 6.7-1　实体电路参考作品

本节的叙述比较详尽细致，图文并茂地分步骤详细描述焊装调试过程，适合初学者一步一步参照操作。当然，较熟练的学习者也可以用自己的办法和步骤。

过程共分三个阶段。第一阶段，先做成一个放大倍数 0.1 的反相放大器运放电路；然后在第二阶段中，进一步做成完整的核心电路，带并联的四个电阻-开关通路；最后在第三阶段，按原理图 6.5-1 的设计，完成所有的安装调试。每个阶段的最后都有测试步骤，这种安排有利于及时觉察焊装中的差错，在一个相对小的范围内比较容易查找和纠正差错。

6.7.1 第一阶段

步骤1. 安装芯片座,引脚连接正负电源

考虑到后续还有大量电路,把芯片座安装在较靠右的位置。利用洞洞板上焊盘的相连关系,合理安放芯片座管脚。

为了后期查错和调试方便,可以将红色导线专用于+5V连接,蓝色导线专用于-5V连接。按原理图要求,芯片座4号脚焊连洞洞板左下-5V,8号脚焊连洞洞板左上+5V,如图6.7-2所示。

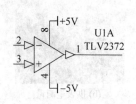

(a) 对应的电路原理图

(b) 材料准备

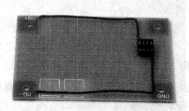

(c) 安装完成后的形态(正面)

(d) 安装完成后的形态(反面)

图 6.7-2　步骤 1

步骤2. 焊装运放反相输入端所连的部分电路

如前节介绍,单刀单掷开关S1和单刀双掷开关S5使用单排针制作,配合跳线完成开关功能;输入信号接入点P1是使用剥去外皮的导线制作焊装成钩环的样子,如图6.7-3(b)所示。

使用堆锡的焊接方法,如图6.7-3(c),完成电阻R₃和R₄的连线,R₄与开关S1的连线,以及R₃与开关S5的连线。

请注意,在本步骤中,芯片座2号引脚与S1开关的连线在后续步骤中会被改动,目前只是临时连接。所以在本步骤制作中,我们在洞洞板反面,使用飞线的方式连接,见图6.7-3(e)。

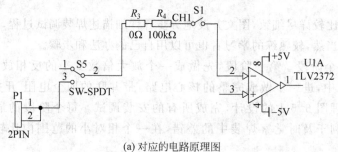

(a) 对应的电路原理图

图 6.7-3　步骤 2

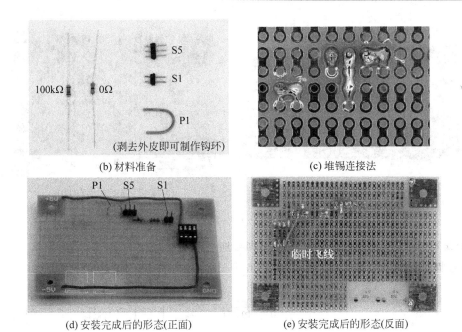

(b) 材料准备　　　　　　　　　(c) 堆锡连接法

(d) 安装完成后的形态(正面)　　　(e) 安装完成后的形态(反面)

图 6.7-3 （续）

步骤 3. 电阻 R_1 的焊装

可以将绿色导线专用于除电源、地之外的信号线连接。R_1 两引脚分别与芯片 1 号脚和 2 号脚连接，如图 6.7-4 所示。

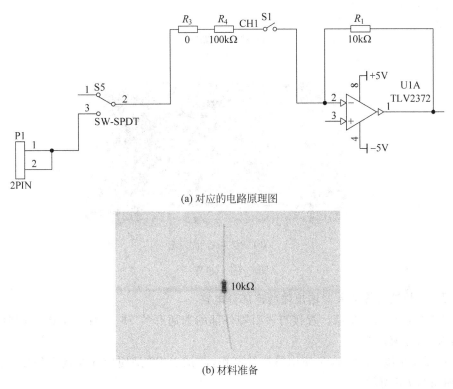

(a) 对应的电路原理图

(b) 材料准备

图 6.7-4 步骤 3

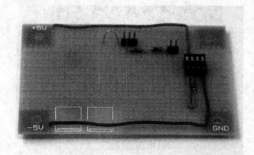

(c) 安装完成后的形态(正面)　　　　　(d) 安装完成后的形态(反面)

图 6.7-4　（续）

步骤 4. 运算放大器芯片同相输入引脚接地

3 号脚是运放同相输入端，接地，如图 6.7-5 所示。

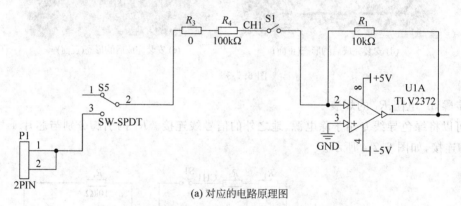

(a) 对应的电路原理图

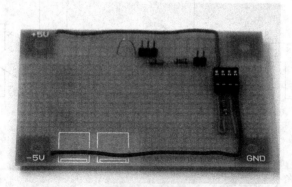

(b) 安装完成后的形态

图 6.7-5　步骤 4

步骤 5. 焊装运算放大器输出端所连部分电路

1 号脚是运放的输出端。焊接与该引脚外部的选通开关 S6 和测试点 P2。同时检查 1 号脚与 R_1 的原有连线。

与步骤 1 相似，开关 S6 是使用单排针制作，测试点 P2 是使用导线剥去外皮而做成的钩环，如图 6.7-6 所示。

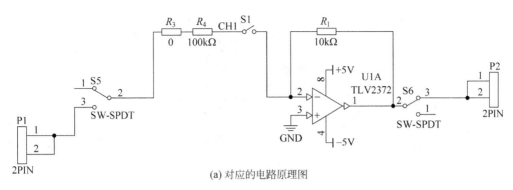

(a) 对应的电路原理图

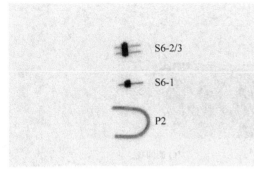

(b) 材料准备

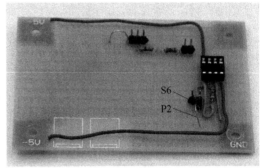

(c) 安装完成后的形态

图 6.7-6　步骤 5

步骤 6. 为电源、地线增装一些插针、钩环

在实验过程中，经常会把一些信号点用杜邦线与+5V 或−5V 或 GND 短接，做一些必要的测试；有时，还会使用万用表、信号源、示波器等设备，这些设备的引线、探头需要有方便夹连或钩连之处。为此，我们为左上角+5V 位置安装 4 个插针，左下角−5V 处也同样插针，右下角地线位置焊装 1 个插针和 2 个钩环，如图 6.7-7 所示。

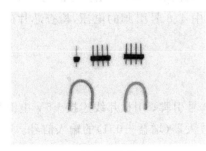

(a) 材料准备

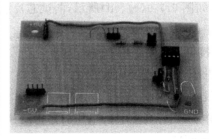

(b) 安装完成后的形态

图 6.7-7　步骤 6

步骤 7. 安装香蕉插头

香蕉插头组件由垫片、螺母和香蕉插头三部分组成（对应于图 6.7-8 中 1、2、3）。装好后，垫片在电路板反面，螺母在正面。安装时应使用工具拧紧螺母，香蕉插头松动会导致供电接触不良问题，而且经常不容易发觉。

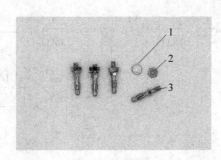

(a) 材料准备

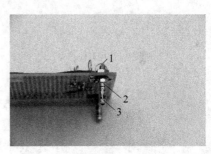

(b) 完成后的形态   (c) 侧面观

图 6.7-8 步骤 7

步骤 8. 第一阶段测试

截至现在,对应原理图 6.7-6(a)的电路已焊装完成。电路板也能安插到实验底板上取电。我们做以下测试。

1. 检查电路供电

在不插 TLV2372 运放芯片的情况下,把电路板安插在底板 A 区。

打开电源开关,按图 6.7-9(a)、(b)所示,测量并核对电路板正负电源的电压。

接着,如图 6.7-9(c)、(d)所示,测试芯片座中 4、8 号引脚的电压,检查芯片的正负电源供电是否正确。

2. 连接电路准备上电测试

关闭电源开关,安装运放芯片。

用跳线帽连通 S1;用跳线帽连通 S6 的 2-3 号引脚;用杜邦线连接+5V 电源与 S5 的 2号脚。这样就准备好把+5V 电压引作为反相放大器(增益-0.1)的输入信号。

3. 上电测试

打开电源开关。

首先测量底板+5V 供电,例如图 6.7-9(e),观察到读数为 4.90V。可以期望反相放大电路的输出约为-0.49V。

测试输出电压,例如图 6.7-9(f),观察到读数-0.493V,认为电路工作符合预期。

若以上测试过程中发觉异常现象,应进一步目测检查作品,并结合电路工作原理分析原因。排除故障后才可继续。

(a) 测试底板正电源供电

(b) 测试底板负电源供电

(c) 测试IC座中正电源引脚电压

(d) 测试IC座中负电源引脚电压

(e) 测试反相放大电路的输入电压

(f) 测试反相放大电路的输出电压

图 6.7-9　步骤 8

6.7.2　第二阶段

步骤 9. 安装其他三个电阻-开关通路

将图 6.7-10(a)中所示红线(粗线)部分的电路装焊完整。这部分电路布局紧凑,可以多用堆锡法代替导线连接。

步骤 10. 直流输入分压部分

如图 6.7-11 所示,使用全电阻 $50k\Omega$ 的精密多圈电位器作为变阻器 R_2,可以通过调节从其中心接头获得[$-5V$,$+5V$]区间的直流分压。

用 TLV2372 芯片中的第二个运放单元 U1B 制成电压跟随器。在后续实验中,我们经常通过手工调节电位器,获得约为-3V 的直流分压,作为后级放大电路的输入,测试电路性能。

步骤 11. 第二阶段测试

将经过以上步骤的电路板插装到实验底板上(这次不妨装在 B 区),我们做以下测试。

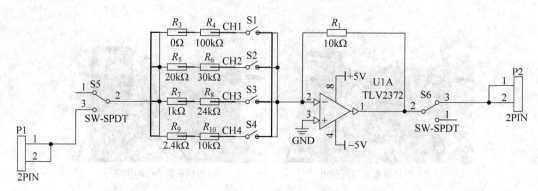

(a) 对应的电路原理图

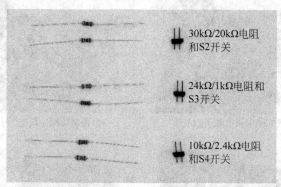

(b) 材料准备

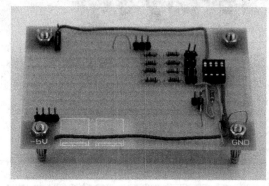

(c) 安装完成后的形态(正面)

(d) 安装完成后的形态(反面)

图 6.7-10　步骤 9

1. 调整直流输入

接通 S5 的 1-2，S6 的 2-3，上电。

调节电位器 R_2，使 S5 的 1、2 脚上测得直流电压约为 −3V，例如图 6.7-12(a) 为 −3.016V。

2. 测试绝对值增益 0.1 时放大器电路输出

接通 S1，断开 S2、S3、S4，此时绝对值增益被设为 0.1。

测量放大器电路输出 P2 端子的电压，应该约为 −301.6mV，例如图 6.7-12(b) 读数 304.8mV。

3. 测试其他各种增益时放大器电路输出

按电路原理，配置 S1、S2、S3、S4 的通断，仿照 2 测试电路输出电压。

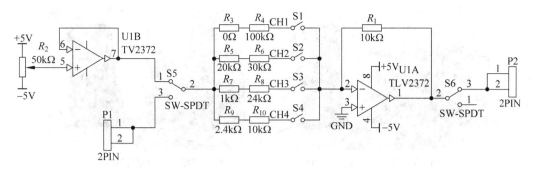

(a) 对应的电路原理图

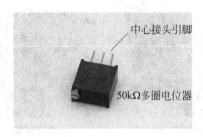

(b) 材料准备

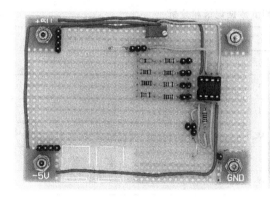

(c) 安装完成后的形态(俯视)

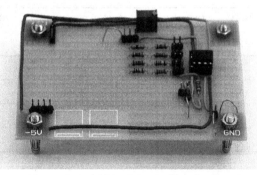

(d) 安装完成后的形态(侧视)

图 6.7-11　步骤 10

比如绝对值增益设为 0.9 时,图 6.7-12(c)测得输入为 -3.015V,图 6.7-12(d)测得输出为 2.738,误差在正常范围内,判定电路正常工作。

为获得完整信息,以上测试中应填写表 6.7-1,记录实测数据,计算和分析测试结果。如果发现异常现象,例如某一项或几项的相对误差大于 10%,应判为不合格,请认真查找原因,排除故障,方可继续。

(a) 测试输入电压(绝对值增益0.1)

(b) 测试输出电压(绝对值增益0.1)

(c) 测试输入电压(绝对值增益0.9)

(d) 测试输出电压(绝对值增益0.9)

图 6.7-12　步骤 11

表 6.7-1　第二阶段测试数据记录和分析

序号	输入电压(V)	输出电压(V)	设定增益	实测增益	相对误差(%)
2			0.2		
3			0.3		
4			0.4		
5			0.5		
6			0.6		
7			0.7		
8			0.8		
9			0.9		
10			1.0		
11			1.1		
12			1.2		
13			1.3		
14			1.4		
15			1.5		

6.7.3　第三阶段

步骤 12. 双向发光二极管

焊装双向发光二极管 LED1 及其串联的限流电阻 R_{13}。当 S6 选通 1-2 时,放大电路输出电压加到发光二极管通路,如图 6.7-13 所示。

当输出电压为正,电压绝对值较小时,LED1 不发光;电压绝对值较大时,LED1 发红光;电压绝对值越大,红灯越亮。

当输出电压为负,电压绝对值较小时,LED1 不发光;电压绝对值较大时,LED1 发绿光;电压绝对值越大,绿灯越亮。

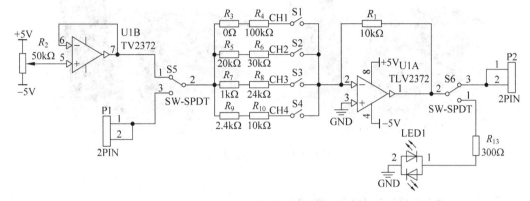

(a) 对应的电路原理图

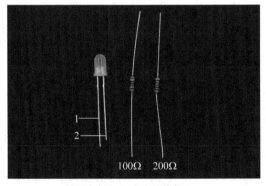

(b) 材料准备(红绿发光管的长脚
为1号引脚,短脚为2号引脚)

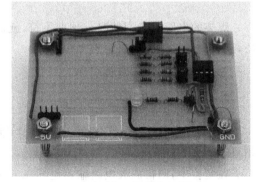

(c) 完成后的一单元板正面展示

图 6.7-13　步骤 12(装焊)

通过 LED1,可以在一定程度上比较直观地观测到放大电路输出电压极性和大小引起的现象。图 6.7-14 展示了这种情况。输入电压选用 -2.998V,当设置增益 0.1 时,如图 6.7-14(b),输出电压为 301.5mV,LED1 不亮;当设置增益 0.9 时,如图 6.7-14(c),输出电压为 2.724V,LED1 发红光。

至此,本章的电路制作全部完成。

(a) 测试运放电路的输入电压

(b) 设定增益0.1，LED1不发光

(c) 设定增益0.9，LED1发红光

图 6.7-14　步骤 12（调测）

6.8　电路焊装纠错实例

焊装的电路若实测情况与预期不符，就需要认真查找问题。有时需要一定的经验性技巧，还会用到一部分电路原理知识。

本节举两个实例，参见图 6.8-1。

6.8.1　实例一

假定在前述步骤 8（第一阶段测试）时，遇到如下情况。文中未加专门注明的电压均指相对于地（GND）的电压。

在实验中，测得放大电路输入电压 4.88V，如图 6.8-2(a)；由于电路增益为−0.1，预期放大电路输出端子 P2 处应约是−0.488V；但实测得到−4.86V，不符合预期，需要查找原因，如图 6.8-2(b)所示。

首先，我们直接测量运放芯片 1 号引脚（输出端）的电压，图 6.8-2(c)显示也是−4.86V。这就排除了因芯片与 P2 间连线接错导致的问题。

然后，可考虑试着检测运放芯片的供电是否正常。分别测量芯片 8 号和 4 号引脚电压，看是否约为＋5V 和−5V。结果基本正常，如图 6.8-2(d)、(e)。排除芯片供电问题。

接下来，可进一步测试芯片其他引脚的电压，例如两个输入端 2 号和 3 号脚，预期都应为 0V，但实际于此有明显差异，如图 6.8-2(f)、(g)。特别是 3 号脚，按设计应直接与 GND 相连，不应出现如此偏差。

切断电源，目视检查搭试板上此部分相关连线，发现错误所在——因焊接操作粗心，

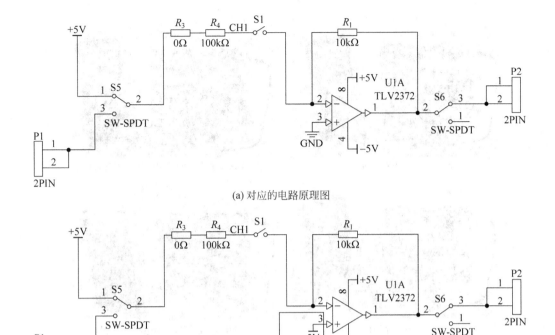

(a) 对应的电路原理图

(b) 错误电路对应的电路图

图 6.8-1　实例一电路图

3 号引脚被错连到－5V 电源处，如图 6.8-1(b)所示。

改正连线错误，重新检测，电路正常，图 6.8-2(h)。

6.8.2　实例二

图 6.8-3 所示为实例二电路图。假定在前述步骤 11(第二阶段测试)时，遇到如下情况。文中未加专门注明的电压均指相对于地(GND)的电压。

在实验中，测得放大电路输入电压－3.003V，如图 6.8-4(a)所示。测试电路的输出电压过程中遇到疑问，比如当设定电路增益为－1.5，预期放大电路输出端子 P2 处应约是 4.5V；但实测得到 4.19V，不符合预期，需要查找原因，如图 6.8-4(b)所示。

首先，我们直接测量运放芯片 1 号引脚(输出端)的电压，图 6.8-4(c)显示也是 4.19V。这就排除了因芯片与 P2 间连线接错导致的问题。

然后，可考虑试着检测运放芯片的供电是否正常。分别测量芯片 8 号和 4 号引脚电压，看是否约为＋5V 和－5V。结果基本正常，如图 6.8-4(d)、(e)所示。排除芯片供电问题。

接着，可进一步测试芯片其他引脚的电压，比如两个输入端 2 号和 3 号脚，预期都应为 0V，实测正常，分别为 2.5mV 和 4.7mV，如图 6.8-4(f)、(g)所示。

而后，设置增益模式，使每次只有一个电阻-开关通路接通，图 6.8-4(h)、(i)、(j)、(k)分别对应绝对值增益为 0.1、0.2、0.4、0.8 时测量电路输出电压。发现仅增益 0.4 时，输出电压实测 0.886V 相对于理论值(1.2V)偏差明显。初步怀疑是这一条通路中的电阻

(a) 测试运放电路的输入电压

(b) 测试运放电路的输出电压，不符合预期

(c) 测试运放芯片的1号脚电压

(d) 测试运放芯片的供电(8号脚正电源)

(e) 测试运放芯片的供电(4号脚负电源)

(f) 测试运放芯片的反相输入端(2号脚)

(g) 测试运放芯片的同相输入端(3号脚)

(h) 改正错误连接后重新测试输出电压

图 6.8-2　实例一的查错纠错过程

阻值有误。

切断电源，目视检查电阻色环，或用电阻挡测量电阻元件，如图 6.8-4(l)、(m)，发现错误所在——因粗心，按设计 R_7 电阻标称值应为 $1\text{k}\Omega$，错用了 $10\text{k}\Omega$ 电阻。

更换电阻，重新检测，电路正常，如图 6.8-4(n)所示。

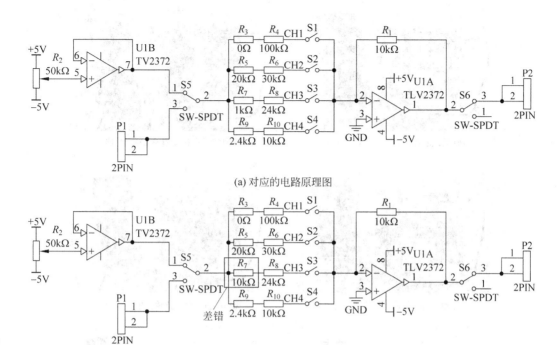

(a) 对应的电路原理图

(b) 错误电路对应的电路图

图 6.8-3 实例二电路图

(a) 测试运放电路的输入电压

(b) 增益1.5时电路输出电压不符合预期

(c) 测试芯片的1号脚电压

(d) 测试芯片的供电(8号脚正电源)

图 6.8-4 实例二的查错纠错过程

(e) 测试芯片的供电(4号脚负电源)

(f) 测试芯片的反相输入端(2号脚)

(g) 测试芯片的同相输入端(3号脚)

(h) 增益0.1时电路输出电压正常

(i) 增益0.2时电路输出电压正常

(j) 增益0.4时电路输出电压异常

(k) 增益0.8时电路输出电压正常

(l) R_7电阻应为1kΩ错用了10kΩ

(m) R_8电阻正确

(n) 更换错误电阻后重新测试(增益1.5)

图 6.8-4 (续)

6.9 使用信号源-示波器调测放大电路

以上几节的实验中,均采用电路中电位器 R_2 的分压输出直流信号,作为放大电路的输入源。仅需使用普通万用电表就可以开展检测。这种简易实验方式适合大多数的普通学习者。

如果有较为专业化的实验条件,比如配置了函数信号发生器和多通道示波器,就可以搭建图 6.9-1 所示的实验场景。将电路中开关 S5 选通 2-3,S6 也选通 2-3。从 P1 端口引入交流信号作为输入信号,并用示波器通道 1 探头观察输入波形,用通道 2 观察 P2 端口的输出信号波形。

图 6.9-1 使用信号源-示波器调测的实验场景

比如,我们用信号源发生峰峰值 Vpp＝1.7V、频率 freq＝400Hz 的正弦波信号,接入 P1口。图 6.9-2 中展示了增益分别为－0.1 和－0.9 时观察到的波形。

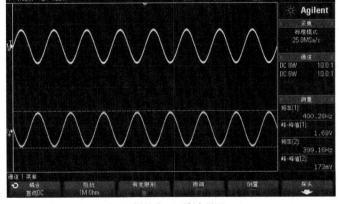

(a) 增益为–0.1 的波形图

图 6.9-2 观察到的波形

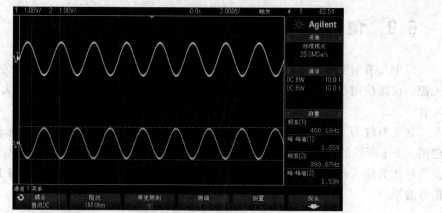

(b) 增益为-0.9的波形图

图 6.9-2 （续）

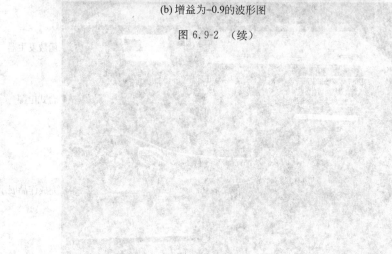

第 7 章

整合单片机电路和放大器电路

7.1　本章引言

上一章我们用运算放大器集成芯片加上电阻等分立元件，设计制作了一个放大电路，通过人工手动改接跳线开关，它的放大倍数（增益）可以被改变，由此实现了若干种增益等级的切换。我们选择的跳线开关（配有短路帽），能比较方便地改接电路。这一章，我们将使用单片机电路用程序来控制这个放大电路的增益等级切换。

7.2　用模拟开关实现多级增益的控制

7.2.1　模拟开关器件

跳线开关虽适合人工操作，却不适合单片机控制。所以，我们有必要寻找一种可以作为开关的器件，它能在低功率电信号的作用下改变开关状态（闭合/断开，ON/OFF）。这里引入一种叫做"模拟开关"的集成芯片 CD4066，其名称中"模拟"一词的意思是这种开关中既可以通过数字信号（高、低两种电平），也可以通过电平连续变化的模拟信号。

图 7.2-1 是双向模拟开关一个单元的功能示意图。单刀单掷开关的两个引脚可以双向导通，也就是说信号既可以从左至右传输，也可以反过来。控制信号是一路数字信号，若为高电平则使开关闭合（ON），低电平则使开关断开（OFF）。由于单片机芯片可以按其程序控制输出数字信号，所以模拟开关器件能为单片机控制放大电路提供一个电气接口。

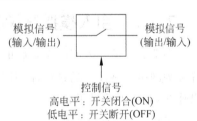

图 7.2-1　双向模拟开关功能示意图

CD4066 有不止一家生产商，它们的产品技术指标基本一致，可相互替代。本书所附电子文档中我们收录了仙童公司（FAIRCHILD）提供的 CD4066 芯片 Datasheet。图 7.2-2 是 CD4066 引脚分布示意图，与 Datasheet 中 Connection Diagram 相同，可见 CD4066 内部有四个彼此独立的开关单元。

通过研读 Datasheet，我们还可以获得如下有用的信息。

（1）模拟开关是一种半导体电路，其开关通断原理与跳线开关有本质区别，内部电气原理可参看 Datasheet 中 Schematic Diagram，是一个场效应管电路。

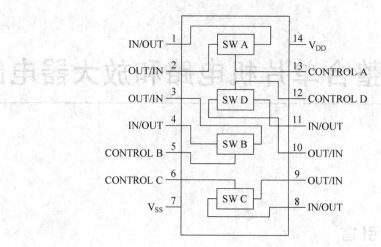

图 7.2-2 CD4066 引脚分布示意图

(2) Datasheet 中 Absolute Maximum Ratings 有一项给出了允许送入模拟开关的信号电压变化的范围，V_{IN} 应在 $V_{SS} - 0.5V$ 至 $V_{DD} + 0.5V$ 之间。超过此范围，可能造成芯片损伤。

(3) Datasheet 中 Recommended Operating Conditions 给出了供电电压可以从 3V 到 15V。在本实验中，为跟放大电路一致，将使用 10V 供电，即 V_{DD} 接 $+5V$，V_{SS} 接 $-5V$。

(4) Datasheet 中 Physical Dimensions 中给出了 CD4066 的几种物理尺寸。本实验中选用其中的双列直插(DIP)形式器件。

(5) Datasheet 中 DC Electrical Characteristics 有一项 R_{ON}，指出当处于 ON 状态(供电为 10V)，开关内部的导通电阻典型值为 120Ω，最大不超过 400Ω(注：视具体器件而有差异)。所以，导通状态下，开关两个引脚间并不是理想的零电阻。这一特性将会影响本实验中电路的指标精度。

7.2.2 引入模拟开关的放大电路

图 7.2-3 是引入 CD4066 后的放大电路原理图。图中 CH1、CH2、CH3、CH4、COMM 等称为网络名标注。通过标注相同的网络名，表示这些地方属于同一电路节点，可以省略画出连线，避免画面过于繁乱。由于 CD4066 采用 $+5V$、$-5V$ 供电，所以其控制端 CNTL 的高电平指 $+5V$，低电平指 $-5V$。

依图 7.2-3 改装放大电路。应该为 CD4066 装 IC 底座，方便实验中更换元件和灵活调测。不必把原 S1 至 S4 位置的跳线开关拆除，仅需拔去它们的短路帽。然后，可以按下列步骤调试验证电路的改装是否成功。

步骤 1 S5 选通 1、2 脚，S6 选通 2、3 脚。暂不插装 CD4066，为电路加电，测量验证 CD4066 底座中电源引脚电压是否正常。

步骤 2 调整变阻器 R_2 使电压跟随器 U1A 输出(S5 之 1 号引脚处)电压约为 $-3.0V$，测量验证 CH1、CH2、CH3、CH4 的电压是否都为 $-3.0V$。

步骤 3 关电，插装 CD4066，T1 接 $+5V$，T2、T3、T4 接 $-5V$，使第一路开关 ON，其余

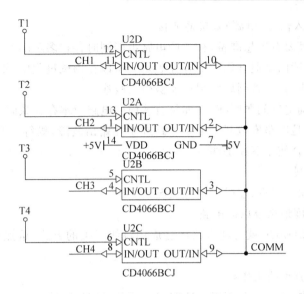

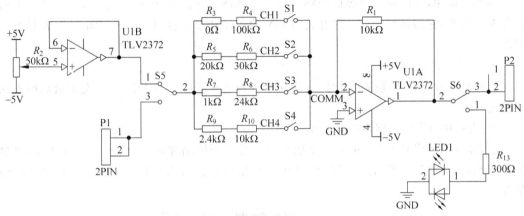

图 7.2-3 引入 CD4066 后的放大电路原理图

三路 OFF(注:对应增益为-0.1);上电,测 P2 电压,应约为+0.3V。

步骤 4 照步骤 3 中的原理,逐个测量验证各种增益等级下电路的工作情况。

7.2.3 电路调测和排除故障

为电路排除故障是一项很好的能力训练活动,尤其可以促使初学者深入理解电路的内在工作原理,学得实用的工程经验。

在前述步骤中,以及今后的实验中,若放大电路遇到不正常情况,则需设法排除故障。该部分常见的电路故障有:

* 连线接触不良

比如虚焊、杜邦线未插好,属于"该连而未相连"的情况。

* 错连短路

比如焊锡粘连等,属于"不该连却相连"的情况。

* 元件损坏

比如芯片装反情况下加电,导致器件已受损伤。

· 外接输入信号(电源)未接通或接错

初学者尤其要有思想准备,初装的电路可能同时存在多项问题,我们能观察的常常只是表象,是多个故障因素混合作用的外在表现。所以在调试过程中,不要轻易假定自己只要找出一处问题就成功了,否则思路很可能被引入歧途。

首先要准确定位问题所在,比如是改装前的电路原本存在缺陷,还是改装后添加的部分有问题,再比如是四路模拟开关中哪一路或哪几路出故障,等等。我们可以视具体情况,随机应变,灵活组合使用下述手法:

· 目测检视

希望发现缺陷焊点、连线接错等情况。

· 一定程度地恢复以前电路

比如拔去 CD4066 就可使电路恢复成用跳线开关的方式,重点检查改装给原来部分造成的影响。

· 重点检查单路工作状态

在本实验中,不同增益等级由四路电阻开关电路组合获得,而其中 0.1、0.2、0.4、0.8 四种绝对值增益,它们都对应仅一路开关为 ON 的工作状态,电路组态较为"单纯",容易发现问题。

· 测量芯片引脚上电压

检测与芯片引脚相连的信号时,应将探针或表笔直接点触芯片引脚,以免漏查底座不通等问题。

· 使芯片的个别引脚不插入底座

必要时,可以将 CD4066 的某一个引脚或某几个引脚略加撇弯,使之不插入底座,通过加电调测,结合原理分析,往往可以提供更多有用信息。图 7.2-4 展示了引脚撇出底座的情况。

图 7.2-4 将芯片个别引脚撇出底座

比如,图 7.2-3 电路中,当 CD4066 的第一路开关单元导通,测量 10 号引脚的电平。如果该引脚在撇出底座时信号正常,但是一插入底座就不正常,这种现象暗示着与 10 号引脚连接的线路上可能有短路,可循着这条线索进一步查找。

7.3 单片机程序的方案设计

在之前的章节中,我们已经分析和学习了所谓范例程序。在本节中,我们将在范例程序的基本框架中,修改或增加部分设计,使之能控制放大电路,令单片机电路和放大电路整合成功能统一的整体。

尽管本实验的程序算法逻辑比较简单、容易理解,但我们仍建议用较严谨的工程方法及步骤来完成设计工作。以下我们详细陈述相关的工程设计步骤。

7.3.1　人机操作方案设计

如之前章节所述,我们所用的单片机电路带有一定的显示功能和简易键盘。

显示电路包括 8 位七段式数码管(可显示小数点)和若干 LED 指示灯。根据本实验的工程需要,并考虑视觉上的美观,我们可按图 7.3-1 示意的方式利用数码管。用前 4 位数码管固定显示字样 GAIN(增益一词的英文),第 5 位空格,第 6 位固定显示负号,第 7、8 两位显示当前增益数值(绝对值),第 7 位的小数点要常亮。所有 LED 灯固定为熄灭状态。

图 7.3-1　数码管显示方案

我们选择简易键盘中 1 号和 2 号键,分别对应增益(绝对值)调大和调小的功能。按键从被按下到放开算作一次操作。系统开机初始,增益默认为 -0.1(绝对值增益 0.1)。1 号键每操作一次,增益调大一级,依次变为 -0.2、-0.3、…、-1.5、-0.1、-0.2、-0.3、…,如此循环反复。相应地,2 号键每操作一次,增益调小一级,依前例倒序循环。其余按键即使有操作,也不能引起任何变化。

7.3.2　程控逻辑方案设计

图 7.3-2 给出了本实验中程控逻辑的框图。按照该设计,每当代码段 B"按键操作判定"检测到真实有效的按键操作,就向代码段 A"核心程控逻辑"发出消息数据;代码段 A 收到消息后进行合理的逻辑和数值运算,确定当前增益值应如何改变,然后向代码段 C"增益数值显示"发出改变显示的消息,再调用代码段 D"模拟开关控制信号输出",相应改变给CD4066 的各路控制信号。

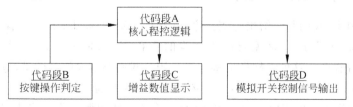

图 7.3-2　程控逻辑框图

7.3.3　程序数据结构的改动

为了实现程序算法方案,我们需要在原先的范例程序基础上,对程序数据结构进行一些改动,主要是增加表 7.3-1 所列的各项常量和变量等。表中最右栏解释了各项目的含义或功能,请特别留意与代码段 A、B、C、D 之间消息数据传递有关的项目。

表 7.3-1　程序常量、变量定义的变动

序号	名称	类型	取值或初值	含义或功能说明
1	CTL0_L	指令助记符	P1OUT&=～BIT0	CD4066 第一路控制信号 P1.0 输出低电平
2	CTL0_H	指令助记符	P1OUT|=BIT0	CD4066 第一路控制信号 P1.0 输出高电平
3	CTL1_L	指令助记符	P1OUT&=～BIT1	CD4066 第二路控制信号 P1.1 输出低电平
4	CTL1_H	指令助记符	P1OUT|=BIT1	CD4066 第二路控制信号 P1.1 输出高电平
5	CTL2_L	指令助记符	P1OUT&=～BIT2	CD4066 第三路控制信号 P1.2 输出低电平
6	CTL2_H	指令助记符	P1OUT|=BIT2	CD4066 第三路控制信号 P1.2 输出高电平
7	CTL3_L	指令助记符	P1OUT&=～BIT3	CD4066 第四路控制信号 P1.3 输出低电平
8	CTL3_H	指令助记符	P1OUT|=BIT3	CD4066 第四路控制信号 P1.3 输出高电平
9	GAIN_STATENUM	常量	15	增益等级总数,0.1 至 1.5 共 15 级
10	gain_state	全局变量	1	当前增益等级,1 代表 0.1,2 代表 0.2,以此类推;负责传递代码段 A 向代码段 D 的消息
11	key_state	全局变量	0	按键操作判定的状态机当前状态
12	key_flag	全局变量	1	按键操作有效标记,1 代表有键操作,0 代表无新操作;负责传递代码段 B 向代码段 A 的消息
13	key_code	全局变量	0	范例程序原有变量;当 key_flag 有效时,表示按键编号;负责传递代码段 B 向代码段 A 的消息
14	digit[2]	全局变量	'　'	范例程序原有变量,左数第 7 位数码显示,现对应增益值的个位数;负责传递代码段 A 向代码段 C 的消息
15	digit[3]	全局变量	'　'	范例程序原有变量,左数第 8 位数码显示,现对应增益值的十分位数;负责传递代码段 A 向代码段 C 的消息

7.3.4　程序结构流程设计

在之前章节中,我们曾经给出范例程序 demo1forBaseboard.c 的结构流程,其结构上包含两个相对独立的部分,一是无限循环结构的主程序,二是每隔 20ms 触发运行一次的 timer0 中断服务程序。这种结构框架将继续沿用。我们要解决的问题是,应该把代码段 A、B、C、D 分别放进主程序还是中断程序,具体插入到哪个位置。

图 7.3-3 是修改后的程序结构流程,已经解答了上述问题。我们将代码段 B 和 C 置于中断程序中,代码段 A 和 D 则放入主程序中。可能有细心的读者会想到,如果把 A、D 两段

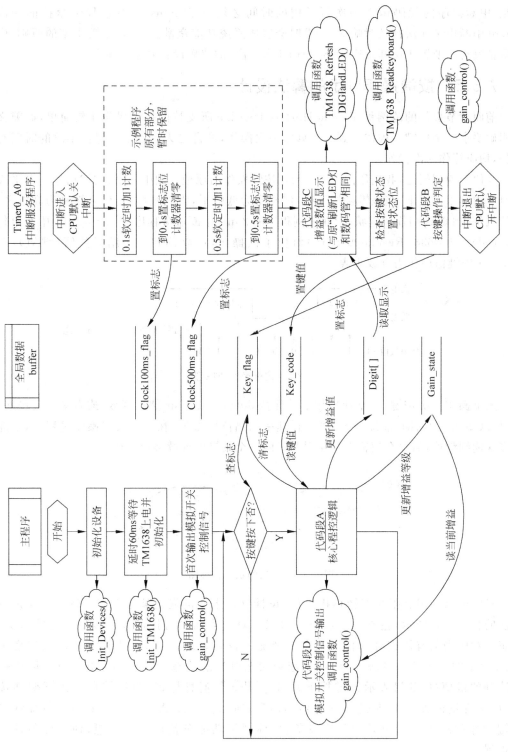

图 7.3-3 改写后的程序结构流程

代码也放入中断程序,系统功能应一样可以实现。在本例中确实如此。但我们有必要警觉的是,中断程序的代码运行一次所耗用的时间必须短于 20ms,否则会导致紧接的一次 timer0 中断申请无法被及时响应,严重时会造成系统功能紊乱。所以,本着审慎的原则,应尽量把没有必要置于中断程序(实时处理要求不高)的代码段移到主程序中。

7.3.5 按键操作判定的算法设计

前面章节提供的范例程序 demo1forBaseboard.c 所支持的按键操作比较简单,而前文中明确要求一个按键从被按下到放开算作一次操作,换言之无论按下并保持不放的时间有多长,均应算作一次操作。

为便于说明问题,我们用图 7.3-4 示意按键操作的原理。图中,某路按键信号高电平表示对应的键未被按下,当该键被按下时,信号变为低电平,直到被放开,信号恢复为高电平。单片机每隔 20ms 扫描按键状态,在范例程序的 20ms 中断服务程序 Timer0_A0() 中有语句 key_code = TM638_Readkeyborad() 对应了该操作,可以读到一个结果数值(键值),在图 7.3-4 中键值简化为 0 或 1 表示。

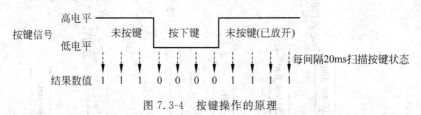

图 7.3-4 按键操作的原理

人工操作一次按键,正常速度按下并保持 50ms 至 200ms 然后释放,或者刻意更慢些。所以,以 20ms 为周期,或说 50Hz 的采样速率扫描读取键值,在一次按键操作过程中,会连续多次读到键值,需要在逻辑上防止误判为同一个按键的连续多次操作。

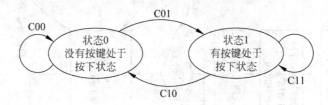

图 7.3-5 算法的状态转移图

我们可以利用有限状态转移机模型,设计针对上述问题的算法逻辑。图 7.3-5 是该算法的状态转移图示,包含两个状态。状态 0 对应当前没有按键处于按下状态的情况,状态 1 对应当前有按键处于按下状态的情况。表 7.3-2 是与该状态机关联的工作变量(表 7.3-1 的一部分)。key_state 负责记录状态机当前状态。key_code 用来记录最近一次读到的键值(0 专门表示无键按下)。key_flag 是消息标识,当按键自未按下变到按下时,该变量被置为 1,向代码段 A 传递消息,通知代码段 A 读取 key_code。系统针对按键动作的后续处理由其他程序段负责,体现了功能分治的设计思想,便于做各种功能扩展。

表 7.3-2　与状态机有关的变量

名　　称	类　型	取值或初值	含义或功能说明
key_state	全局变量	0	按键操作判定的状态机当前状态
key_flag	全局变量	1	按键操作有效标记,1 代表有键操作,0 代表无新操作;负责传递代码段 B 向代码段 A 的消息
key_code	全局变量	0	范例程序原有变量;当 key_flag 有效时,表示按键编号;负责传递代码段 B 向代码段 A 的消息

负责后续处理的代码段 A 应该仅在读到 key_flag 为 1 时才关注 key_code 的值,并触发处理过程,否则对 key_code 不加理会。代码段 A 每次读到 key_flag=1 后,应将其复零,这样便形成了一种乒乓机制,避免对一次按键操作的重复处置。

为便于写出正确的代码,我们进一步列出表 7.3-3,写出状态机的各项转移条件及转移前应完成的动作。然后,按此写出代码段 B 的实际代码如下:

```
key_code＝TM1638_Readkeyboard();          //读键盘
switch(key_state)
{
case 0:                                   //状态 0 处理
    if (key_code＞0)
    { key_state＝1; key_flag＝1; }         //有键动作,状态 0 向状态 1 转移
    break;
case 1:
    if (key_code＝＝0)
    { key_state＝0; }                      //键被放开,状态 1 向状态 0 转移
    break;
default: key_state＝0; break;
}
```

表 7.3-3　状态机的转移条件和动作

当前状态	常规动作	下一状态	转移条件	转移前动作
0	无	0	C00:检测到 key_code 保持为 0	无
		1	C01:检测到 key_code 变为大于 0	key_flag 置 1 向代码 W 段 A 发出信息;key_state＝1
1	无	0	C10:检测到 key_code 恢复为 0	key_state＝0
		1	C11:检测到 key_code 保持大于 0	无

后文我们依据上述设计完成程序代码改写。下面的内容作为一种有益的补充,但不会在后续章节中继续讨论,建议读者自行尝试应用。

上文提到,人工操作一次按键,比如按"增益调大"键,无论按下后保持多久,都只能引起增益(绝对)值加 1。如果我们希望长时间按住键,能以人工可控的速度连续加 1(或减 1),应该如何实现呢?以下的图 7.3-6、表 7.3-4 和表 7.3-5 给出了一种改进的设计方案,以满足这个要求。当按住键达到 1 秒,及之后每延长 0.5 秒,表示增加一次同样的按键操作。

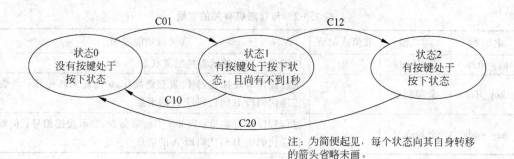

注：为简便起见，每个状态向其自身转移
的箭头省略未画。

图 7.3-6 改进算法的状态转移图

表 7.3-4 改进算法有关的变量

名 称	类 型	取值或初值	含义或功能说明
key_state	全局变量	0	按键操作判定的状态机当前状态
key_flag	全局变量	1	按键操作有效标记，1 代表有键操作，0 代表无新操作；负责传递代码段 B 向代码段 A 的消息
key_code	全局变量	0	范例程序原有变量；当 key_flag 有效时，表示按键编号；负责传递代码段 B 向代码段 A 的消息
key_timer	全局变量	0	累计按键保持的时间

表 7.3-5 改进算法状态机的转移条件和动作

当前状态	常规动作	下一状态	转移条件	转移前动作
0	无	0	C00：检测到 key_code 保持为 0	无
		1	C01：检测到 key_code 变为大于 0	key_flag 置 1 向代码段 A 发出信息；key_timer＝0；key_state＝1
1	key_timer 加 1	0	C10：检测到 key_code 恢复为 0	key_timer＝0；key_state＝0
		1	C11：检测到 key_code 保持大于 0，且 key_timer 尚不到 1 秒	无
		2	C12：检测到 key_code 保持大于 0，且 key_timer 达到 1 秒	key_flag 置 1 向代码段 A 发出信息；key_timer＝0；key_state＝2
2	key_timer 加 1。若 key_timer 达到 0.5 秒，则 key_flag 置 1 向代码段 A 发出信息，key_timer 清零	0	C20：检测到 key_code 恢复为 0	key_timer＝0；key_state＝0
		2	C22：检测到 key_code 保持大于 0	无

7.4 单片机程序的代码编写及调试

本节，我们将按照上节给出的设计方案编写程序代码，并按合理的步骤逐段完成调试。

我们以范例程序代码 demo1(forBaseboard).c 为基础，将经过若干轮修改，每轮仅改动或增加一个外部功能。比如,按图 7.3-2 所示,程控逻辑中可从外部操作或从外部观测的功能有:①增益数值显示(代码段 C);②按键操作(代码段 B);③模拟开关控制信号输出(代码段 D)。其中,显示方式的改变可以直接观察到;在显示的配合下,按键操作效果可以通过显示数值变化被间接观测;模拟开关控制信号可以用万用表测量电压来验证。所以,代码改写过程可按上述序号,分三轮进行。在此过程中,代码段 A 核心逻辑也会被逐步完成改写。

7.4.1　单片机显示功能代码改写和调试

先完成准备工作。将范例程序 demo1forBaseboard. c 文件复制一个副本,不妨命名为code1. c。然后,按之前有关指导新建一个工程,将 code1. c 和 tm1638. h 加入该工程中。接下来,在本轮中完成增益数值显示功能的修改。请严格按以下步骤,对 coed1. c 进行修改。

【步骤 1.1】　第 14 行,增加一项常量定义,规定增益等级总数为 15。

```
11   // 0.5s软件定时器溢出值, 25个20ms
12   #define V_T500ms    25
13
14   // [1.1]增益等级总数
15   #define GAIN_STATENUM  15
16
17   //////////////////////////////
18   //      变量定义                //
19   //////////////////////////////
20
21   // 软件定时器计数
```

【步骤 1.2】　第 31 行,修改数组 digit 初值,左 4 位固定显示"增益"的英文 GAIN,右数第 3 位固定显示"负号"。

```
29   // 8位数码管显示的数字或字母符号
30   // 注: 板上数码位从左到右序号排列为4、5、6、7、0、1、2、3
31   // [1.2]左4位固定显示"增益"的英文GAIN, 右数第3位固定显示"负号"
32   unsigned char digit[8]={' ','-',' ',' ','G','A','I','N'};
33   // 8位小数点 1亮   0灭
34   // 注: 板上数码位小数点从左到右序号排列为4、5、6、7、0、1、2、3
```

【步骤 1.3】　第 39 行,修改数组 led 初值,设置 LED 灯全灭。

```
38   //      对应元件LED8、LED7、LED6、LED5、LED4、LED3、LED2、LED1
39   // [1.3]LED灯设为全灭
40   unsigned char led[]={0,0,0,0,0,0,0,0};
```

【步骤 1.4】　第 41 行,增加一项全局变量 gain_state 定义,记录增益等级当前取值,初值为 1(对应增益 0.1)。

```
40   unsigned char led[]={0,0,0,0,0,0,0,0};
41   // [1.4]增益等级取值, 初值为1, 对应增益0.1
42   unsigned char gain_state=1;
43   // 当前按键值
```

【步骤 1.5】　第 117 行,利用注释符号,删除原程序对数码管的两处操作。

```
116      key_code=TM1638_Readkeyboard();
117      // [1.5]删除原程序对数码管的两处操作
118      //digit[6]=key_code%10;
119      //digit[5]=key_code/10;
120
121   }
```

【步骤 1.6】 第 136 行和第 160 行,利用注释符号,删除原程序中不再有用的操作。

```
134        while(1)
135        {
136             // [1.6]删除原程序中不再有用的操作
137             /*
138             if (clock100ms_flag==1)    // 检查0.1秒定时是否到
......
159             }
160             */
```

【步骤 1.7】 第 161 行,插入两行代码,根据 gain_state 的值计算用于显示当前增益的两位数字。

```
160             */
161             // [1.7]根据gain_state计算用于显示当前增益的两位数字
162             digit[2] = gain_state/10;    //计算十位数
163             digit[3] = gain_state%10;    //计算个位数
164        }
165   }
166
```

编译和运行修改后的程序,观察数码管上显示,注意有一位小数点应被点亮。验证功能。若发现问题,及时检查本轮各步骤。可以适当改变 gain_state 初值,重新编译运行。如此这样反复验证,确保无误。

7.4.2 单片机按键功能代码改写和调试

显示功能得到修改后,就可以支持按键功能的修改。新的按键效果通过数值显示变化,可以得到间接验证。请严格按以下步骤,继续对 coed1.c 进行修改:

【步骤 2.1】 第 43、44 行,增加两个与按键操作有关的全局变量(见表 7.3-2)。

```
42   unsigned char gain_state=1;
43   // [2.1]增加两个与按键操作有关的全局变量
44   unsigned char key_state=0,key_flag=1,key_code=0;
45
```

【步骤 2.2】 第 120 行,插入一段代码(即前一节中给出的代码段 B),是按键操作在时钟中断服务程序中的状态转移处理程序。

```
116        key_code=TM1638_Readkeyboard();
117        // [1.5]删除原程序对数码管的两处操作
118        //digit[6]=key_code%10;
119        //digit[5]=key_code/10;
120        // [2.2]按键操作在时钟中断服务程序中的状态转移处理程序
121        switch (key_state)
122        {
123        case 0:
124             if (key_code>0)
125             { key_state=1;key_flag=1; }
126             break;
127        case 1:
128             if (key_code==0)
129             { key_state=0;}
130             break;
131        default: key_state=0;break;
132        }
133
```

【步骤 2.3】 第 174 行,插入一段代码(代码段 A 的初步形式),是按键操作在主程序 main 中的处理程序,注意把第 1.7 步两句代码包含到 if 语句体内。

```
173              */
174              // [2.3]按键操作在main主程序中的处理程序
175              if (key_flag==1)
176              {
177                  key_flag=0;
178                  switch (key_code)
179                  {
180                  case  1:
181                      if (++gain_state>GAIN_STATENUM) gain_state=1;
182                      break;
183                  case  2:
184                      if (--gain_state==0) gain_state=GAIN_STATENUM;
185                      break;
186                  default: break;
187                  }
188                  // [1.7]根据gain_state计算用于显示当前增益的两位数字
189                  digit[2] = gain_state/10;   //计算十位数
190                  digit[3] = gain_state%10;   //计算个位数
191              }
```

编译和运行修改后的程序,可以反复操作按键 sw1 和 sw2,观察数码管上的显示应相应有加、减变化,与前节中描述一致,以此验证功能。若发现问题,及时检查本轮各步骤。

7.4.3 单片机模拟开关控制信号输出功能代码改写和调试

到这里,单片机按键和显示功能,即本实验系统的人机界面已经成形,但尚未能对模拟开关进行真实控制。接下来,请严格按以下步骤,继续对 coed1.c 进行修改:

【步骤 3.1】 第 5 行,定义用于输出控制电平的 4 路 GPIO 引脚的操作命令助记符,在这里我们使用单片机引脚 P1.0 至 P1.3。

```
3   #include <tm1638.h>  //与TM1638有关的变量及函数定义均在该H文件中
4
5   // [3.1]定义用于输出控制电平的4路GPIO引脚操作命令,推荐使用引脚P1.0至P1.3
6   #define CTL0_L  P1OUT&=~BIT0
7   #define CTL0_H  P1OUT|=BIT0
8   #define CTL1_L  P1OUT&=~BIT1
9   #define CTL1_H  P1OUT|=BIT1
10  #define CTL2_L  P1OUT&=~BIT2
11  #define CTL2_H  P1OUT|=BIT2
12  #define CTL3_L  P1OUT&=~BIT3
13  #define CTL3_H  P1OUT|=BIT3
14
```

【步骤 3.2】 第 68 行,增加端口初始化语句,将上述 4 路 GPIO 引脚属性 P1.0、P1.1、P1.2、P1.3 设置为输出。

```
66      P2DIR |= BIT7 + BIT6 + BIT5; //P2.5、P2.6、P2.7 设置为输出
67      //本电路板中三者用于连接显示和键盘管理器TM1638,工作原理详见其DATASHEET
68      // [3.2]增加端口初始化语句,将4路GPIO引脚P1.0、P1.1、P1.2、P1.3设置为输出
69      P1DIR |= BIT0 + BIT1 + BIT2 + BIT3;
70  }
```

【步骤 3.3】 第 101 行,增加一段功能函数子程序 gain_control(),专门负责输出与当前增益等级对应的 4 路控制电平。代码中用到了步骤 3.1 中定义的命令助记符。

```
 99    //all peripherals are now initialized
100  }
101  // [3.3]增加一段功能函数子程序,专门负责输出与当前增益等级对应的4路控制电平
102  ///////////////////////////////
103  //         功能子程序            //
104  ///////////////////////////////
105
106  void gain_control(void)
107  {
108      switch (gain_state)
109      {
110      case  1:CTL3_L;CTL2_L;CTL1_L;CTL0_H;break;
111      case  2:CTL3_L;CTL2_L;CTL1_H;CTL0_L;break;
112      case  3:CTL3_L;CTL2_L;CTL1_H;CTL0_H;break;
113      case  4:CTL3_L;CTL2_H;CTL1_L;CTL0_L;break;
114      case  5:CTL3_L;CTL2_H;CTL1_L;CTL0_H;break;
115      case  6:CTL3_L;CTL2_H;CTL1_H;CTL0_L;break;
116      case  7:CTL3_L;CTL2_H;CTL1_H;CTL0_H;break;
117      case  8:CTL3_H;CTL2_L;CTL1_L;CTL0_L;break;
118      case  9:CTL3_H;CTL2_L;CTL1_L;CTL0_H;break;
119      case 10:CTL3_H;CTL2_L;CTL1_H;CTL0_L;break;
120      case 11:CTL3_H;CTL2_L;CTL1_H;CTL0_H;break;
121      case 12:CTL3_H;CTL2_H;CTL1_L;CTL0_L;break;
122      case 13:CTL3_H;CTL2_H;CTL1_L;CTL0_H;break;
123      case 14:CTL3_H;CTL2_H;CTL1_H;CTL0_L;break;
124      case 15:CTL3_H;CTL2_H;CTL1_H;CTL0_H;break;
125      }
126  }
127
```

【步骤 3.4】 第 184 行,插入一行代码,在系统初始化结尾调用一次 gain_control(),完成对 4 路控制信号输出的初始设置。

```
183      init_TM1638();      //初始化TM1638
184      // [3.4]系统初始化结尾,调用一次gain_control()
185      gain_control();
186
187      while(1)
```

【步骤 3.5】 第 222 行,插入一行代码,当判定 sw1 有操作后,调用一次 gain_control(),使 4 路控制信号相应变化。

```
220          case  1:
221              if (++gain_state>GAIN_STATENUM) gain_state=1;
222              // [3.5]sw1有操作后,调用一次gain_control()
223              gain_control();
224              break;
```

【步骤 3.6】 第 227 行,插入一行代码,当判定 sw2 有操作后,调用一次 gain_control(),使 4 路控制信号相应变化。

```
225          case  2:
226              if (--gain_state==0) gain_state=GAIN_STATENUM;
227              // [3.6]sw2有操作后,调用一次gain_control()
228              gain_control();
229              break;
230          default: break;
```

编译和运行修改后的程序,可以反复操作按键 sw1 和 sw2,在观察数码管上的显示变化的同时,用万用电表测量单片机引脚 P1.0、P1.1、P1.2、P1.3 的电压,以此验证功能。其高电位应是 3.3V 左右,低电位约为 0V。若发现问题,及时检查本轮各步骤。

至此,单片机程序代码的修改已经全部完成。下一步,需要把 4 路控制信号实际连接到放大电路中,控制 CD4066,进而实现对放大电路增益的程序控制。

7.5 电平转换问题

通过上一节的工作,单片机已能根据操作者按键设置的设点增益级别,输出四路控制信号。但是这四路信号虽然在逻辑上已经满足要求,但在电气上尚有问题。

回顾本章开头的工作,模拟开关器件 CD4066 因为要让交流信号通过(既有正向电平,又有负向电平),使用的供电方式与放大电路一致,都是双侧电源(VDD 接 +5V,VSS 接 -5V)。因此,对 CD4066 而言,控制信号的"逻辑 1"对应的"高电平"是 +5V,"逻辑 0"对应的"低电平"是 -5V。反观单片机电路,因为使用 +3.3V 电源,单片机输出的"高电平"(逻辑 1)约是 +3.3V,"低电平"(逻辑 0)是 0V。除非通过某种合适的电平转换,否则在电气上两方不能直接相连。

使用图 7.5-1 的电路单元,可以把{+3.3V,0V}转换为{+5V,-5V},该电路实际是一个常用的电压比较器电路,核心器件是一个运放单元。

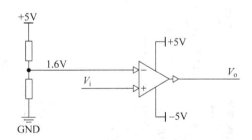

图 7.5-1 电平转换电路单元

本实验的实用完整电路中需要四个这样的电路单元。添加了电平转换部分的放大电路如图 7.5-2 所示,其中 CONTROL1、CONTROL2、CONTROL3、CONTROL4 为来自单片机的控制信号输入口,逻辑电平为{+3.3V,0V};而 T1、T2、T3、T4 点上,电平已被转换为{+5V,-5V}。此焊装和连接电路,即可实现单片机对放大电路的程序化控制。用户要改变电路放大等级,只需操作键盘,不再需要手工改变电路连线。

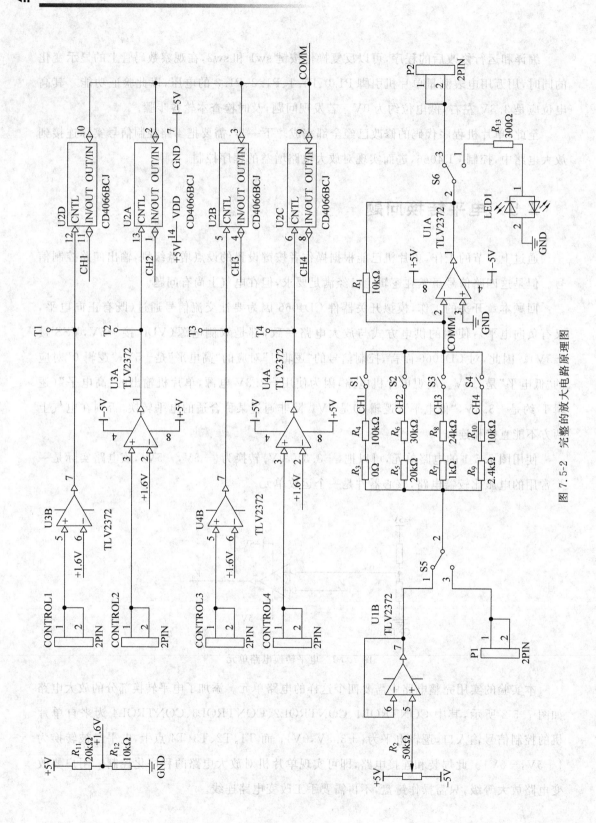

图 7.5-2 完整的放大电路原理图

7.6 减小增益误差

经过本章前几节的工作,我们已经基本实现了实验系统的功能。但是,如果仔细测量,可能发现系统的性能仍有不尽如人意之处,或说有一定的可改善余地。

例如对全部 15 个增益等级的检测,我们将实验测量数据列成表 7.6-1。该表的最右一列是增益的相对误差,其计算公式为

$$相对误差 = \frac{实测绝对值增益 - 设点绝对值增益}{设点绝对值增益} \times 100\%$$

而

$$实测绝对值增益 = \left| \frac{输出电压}{输入电压} \right|$$

相对误差符号为正,表示实际增益绝对值相对于设点增益绝对值偏小,反之则偏大。为方便讨论,以下"增益"一词均指绝对值增益。

表 7.6-1 实验测量数据记录举例

序号	输入电压(V)	输出电压(V)	设点增益	实测增益	误差(%)
1	−3.000	0.295	0.1	0.0983	−1.67
2	−3.000	0.593	0.2	0.1977	−1.17
3	−3.000	0.888	0.3	0.2960	−1.33
4	−3.000	1.193	0.4	0.3977	−0.58
5	−3.000	1.490	0.5	0.4967	−0.67
6	−3.000	1.788	0.6	0.5960	−0.67
7	−3.000	2.086	0.7	0.6953	−0.67
8	−3.000	2.355	0.8	0.7850	−1.87
9	−3.000	2.652	0.9	0.8840	−1.78
10	−3.000	2.949	1.0	0.9830	−1.70
11	−3.000	3.247	1.1	1.0823	−1.61
12	−3.000	3.548	1.2	1.1827	−1.44
13	−3.000	3.846	1.3	1.2820	−1.38
14	−3.000	4.141	1.4	1.3803	−1.40
15	−3.000	4.439	1.5	1.4797	−1.36

增益误差主要来自于电阻的偏差,比如运放的反馈电阻 R_1、四个开关通路中的电阻值(含电阻元件和模拟开关的导通电阻)。对于模拟开关导通电阻的大小,我们其实无法用电阻表直接测量得知,所以对各通路的总电阻只能间接推算。本节介绍一个可用于改善增益误差性能,减小相对误差的电路校准过程。

首先,有必要进行一些基本分析。为表述方便,我们先把完整电路图 7.5-2 中跟增益及其误差有关的部分单独画成图 7.6-1。图中 R_{ON1} 表示通路 1 中模拟开关的导通电阻;S_{CH1} 表示该模拟开关的状态,当开关导通则 $S_{CH1} = 1$,断开则 $S_{CH1} = \infty$;R_{ON2}、R_{ON3}、R_{ON4}、S_{CH2}、S_{CH3}、S_{CH4} 的含义和取值类似。R_{CH1} 表示通路 1 的总阻值,即 $R_{CH1} = R_3 + R_4 + R_{ON1}$;$R_{CH2}$、$R_{CH3}$、$R_{CH4}$ 作类似理解。显然,电路增益

$$G = \frac{V_o}{V_i} = -\frac{R_1}{R_C}$$

164

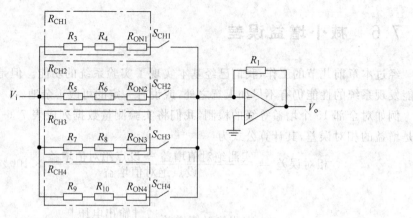

图 7.6-1 用于分析增益及其误差的电原理图

其中，$R_C = (R_{CH1} \cdot S_{CH1}) // (R_{CH2} \cdot S_{CH2}) // (R_{CH3} \cdot S_{CH3}) // (R_{CH4} \cdot S_{CH4})$

式中，$//$表示电阻并联，当相应 S_{CH} 为无穷大时，相当于对应通路的 R_{CH} 未参加并联。

经分析容易发现：

当 4 个模拟开关只有 1 路导通时，R_C 就等于该通路的总阻值，与其他 3 条通路的元件阻值无关。

仅 1 路开关导通的 4 种情况，分别对应于设点增益为 0.1、0.2、0.4、0.8。

其余 11 种设点增益的情况，可以看作 4 路 R_{CH} 的某种并联组合。

所以，原理上讲，只要提高上述 4 种情况的增益精度，也就是说合理调整单条通路的电阻元件值，就可以减小所有 15 种设点增益情况下的电路增益误差。

继续本节中之前的例子，演示如何按上述原理减小电路增益误差。不妨假定电阻 R_1 为 $10\text{k}\Omega$，不计其阻值误差。可按以下步骤校准电路。

【步骤 1】 利用设点增益为 0.1 时的实测增益，计算反推通路 1 总阻值 R_{CH1}

$$R_{CH1} = 10\,000/0.0983 \approx 101\,729\,(\Omega)$$

因此，应设法将通路 1 的总阻值降低约 1729Ω。

【步骤 2】 万用表实测 R_3 和 R_4（注：测量时需断电，并拔去 CD4066 芯片）。

【步骤 3】 实测寻找 R_3 和 R_4 的替换电阻，使替换后 $(R_3 + R_4)$ 的实测阻值比步骤 2 中约降低 1729Ω，校准通路 1。

【步骤 4】 利用设点增益为 0.2 时的实测增益，计算反推通路 2 总阻值 R_{CH2}

$$R_{CH2} = 10\,000/0.1977 \approx 50\,582\,(\Omega)$$

因此，应设法将通路 2 的总阻值降低约 582Ω。

【步骤 5】 万用表实测 R_5 和 R_6（注：测量时需断电，并拔去 CD4066 芯片）。

【步骤 6】 实测寻找 R_5 和 R_6 的替换电阻，使替换后 $(R_5 + R_6)$ 的实测阻值比步骤 5 中约降低 582Ω，校准通路 2。

【步骤 7】 用以上类似方式校准通路 3 和 4。

【步骤 8】 对修改后的电路再次实测增益，验证误差减小效果。

在本例中，我们经再次测量，得到表 7.6-2 的实验数据，证明电路增益误差得到明显减小。

表 7.6-2　电路改进后的实验测量数据记录

序号	输入电压（V）	输出电压（V）	设点增益	实测增益	误差（%）
1	−3.000	0.299	0.1	0.0997	−0.33
2	−3.000	0.598	0.2	0.1993	−0.33
3	−3.000	0.897	0.3	0.2990	−0.33
4	−3.000	1.196	0.4	0.3987	−0.33
5	−3.000	1.497	0.5	0.4990	−0.20
6	−3.000	1.800	0.6	0.6000	0.00
7	−3.000	2.100	0.7	0.7000	0.00
8	−3.000	2.390	0.8	0.7967	−0.42
9	−3.000	2.688	0.9	0.8960	−0.44
10	−3.000	2.986	1.0	0.9953	−0.47
11	−3.000	3.285	1.1	1.0950	−0.45
12	−3.000	3.582	1.2	1.1940	−0.50
13	−3.000	3.882	1.3	1.2940	−0.46
14	−3.000	4.160	1.4	1.3867	−0.95
15	−3.000	4.460	1.5	1.4867	−0.89

图7.6-2 增益电压与实际测量值与分贝表

第 8 章　拓展增益可控放大器的功能

CHAPTER 8

8.1　本章引言

在前两章的实验中,我们完成了一个增益可控放大器的基本电路。这个放大器可以将输入的直流电压信号或者来自信号源的交变信号(比如一定频率的正弦波),转化为形态不变(正负极性可能颠倒),但波形幅度有变化的输出信号。幅度的变化与放大器增益(即放大倍数)有关。增益取决于运放芯片外部电阻的取值。

在已完成的基础上增加一些电路,可以实现功能上的拓展。本章里我们推荐两个拓展项目,建议大家根据自己的兴趣选择完成部分或者全部内容。有余力的学习者甚至可以根据自己的兴趣,自主开展其他有意思的项目内容。

本章我们推荐的第一个项目是电子音乐合成和播放。通过增加或改接部分线路,适当修改程序设计,可以让系统能够播放出事先编程制作的若干首乐曲。

推荐的第二个项目是红外遥控。设计和制作遥控器(红外发送电路与红外接收电路),修改和增加部分程序,就可以通过遥控器改变放大电路的增益,代替原先实验底板上的按键功能。

两个项目的功能可以进行一定整合,合并在一个作品中,用遥控器就可以更换乐曲,或者改变乐曲播放的音量。

本章给出了推荐项目的初步方案和工作原理,关键局部电路设计,以及软件代码段示例,但这些还不是方案的全部,需要学习者发挥主观能动性,通过自主钻研和实验,才能达成目标。

8.2　电子音乐合成和播放

电子音乐合成和播放的功能原理,可以分解成简易音乐播放和乐音简易合成两方面来说明。而乐音和乐曲的合成要通过单片机编程来控制和实现。

本实验项目采用的音乐合成播放的技术方案比较简易,播放质量大致相当于生活中使用的普通音乐门铃。

8.2.1　简易音乐播放的建议方案

在前章实验制作的放大电路基础上,增加少许器件和连线,可以将作品改装成一个简易的音乐播放装置。图 8.2-1 展示了一个硬件连线方案示意图。它的主体与之前完成的增益

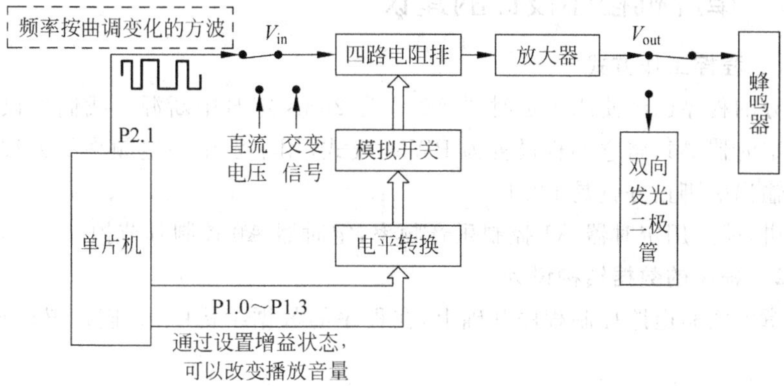

图 8.2-1　简易音乐播放装置的连线示意图

可控放大电路没有区别,只是增加了两个部分。

一部分位于放大电路的输入端。原先的实验中,输入信号有两种选择,板上电位器分压获得的直流信号或来自信号源的交变信号。现在的方案中,指定 MSP430 单片机的 P2.1 引脚输出信号作为放大器的第三个输入来源。在单片机程序的控制下,该引脚将输出频率按乐曲曲调变化的方波信号。实验操作时,建议使用一根杜邦线,实现此处的连线。

另一部分位于放大电路的输出端。需多接一个蜂鸣器元件,作为声音的播放器件。蜂鸣器是一种简单的换能器,可以把电信号能量转化为声信号。当驱动蜂鸣器的电信号按某首乐曲的曲调变化,就可以产生该乐曲对应的声信号。

蜂鸣器的使用方法和连线方式,请实验者自己通过查资料和做试验来确定。请不要同时接上双向发光二极管,因为运放输出电流的能力(驱动能力)有限,无法同时有效驱动蜂鸣器和发光管两个负载。

8.2.2　简易电子乐音合成原理

我们知道,声音的本质是空气的振动。而空气的振动是以波的形式传播的,也就是所谓的声波。所有的波(包括声波、电磁波等等)都有三个最本质的特性:频率/波长、振幅、相位。对于声音来说,声波的频率(习惯表达上很少用波长)决定了这个声音有多“高”,声波的振幅决定了这个声音有多“响”,而人耳对于声波的相位不敏感,所以研究音乐时一般不考虑声波的相位问题。

根据十二音律,乐曲中的每个音符都有对应的频率值,以及持续时间(即节拍)。对一首乐曲曲调的最简单编码,可以把其中每个音符转化为一对参数——{频率,节拍},形成这样的参数对的序列。

比如,序列{523Hz,200ms}、{659Hz,100ms}、{784Hz,200ms}、{659Hz,100ms}、{523Hz,200ms},对应 C 大调大三和弦 do、mi、so、mi、do。若以 200ms 为一拍,则 100ms 是半拍。

进一步,就可以将这种序列转化为数组形式,植入单片机程序。

8.2.3　单片机程序设计的建议

8.2.3.1　程控工作方式

基础部分的程序已经使用了定时器 A0 作为 20ms 定时中断源。我们建议启用单片机内部另一个定时器 A1,将它编程设置为 PWM 模式,用来发生一定频率的方波信号。相应的方波信号输出引脚正好就是 P2.1。

整体上讲,就是用定时器 A1 控制乐音频率,定时器 A0 控制其节拍。

8.2.3.2　程序的数据结构设计

在前一章的实验电路控制程序基础上,在程序的数据结构中,我们建议增加几个量,见表 8.2-1。

表 8.2-1　增加的常量和变量

名　　称	用　　途	初 值 举 例	类　型
music_data[][2]	存储乐谱	{{523,200},{659,100},{784,200},{659,100},{523,200},{0,0}}	常量
audio_frequency	当前音频频率	0	变量
audio_dura	当前音频持续时间	0	变量
audio_ptr	辅助读谱指针	0	变量

music_data[][2] 为一个常量数组,用于存储乐谱。数组中每个元素有两个数据,第一个表示音符的频率值,第二个表示音符的持续时间(节拍)。表 8.2-1 中的初值举例与前文的是同一个例子,数组的最后一个元素{0,0}用来表达乐谱的结尾。

其余三个变量都与播放控制有关。audio_ptr 是读谱指针,读取 music_data 数组中当前音符的参数时,用它作为下标;audio_frequency 和 audio_dura 分别保存从 music_data 数组中读取的当前音符的频率和持续时间。

8.2.3.3　关键程序代码段的范例

基于前文所述的程控工作方式和数据结构,我们给出一些关键程序代码段的范例,供参考。

在主程序的初始化步骤中,需要增加对 P2.1 引脚属性和对定时器 A1 的初始化设置。代码范例如下:

```
//初始化 P2.1 设置为定时器 A1 的 PWM 输出引脚
    P2SEL |= BIT1;
    P2DIR |= BIT1;
/初始化 Timer1,产生 440Hz 的方波信号
    TA1CTL = TASSEL_2 + MC_1;    //Source: SMCLK=1MHz,PWM mode
    TA1CCTL1 = OUTMOD_7;
    TA1CCR0 = 1000000/440;       //设定周期,1000000 为定时器 1 时钟频率,440 为音频频率
    TA1CCR1 = TA1CCR0/2;         //设置占空比等于 50%
```

设置定时器 A1 输出频率等于 audio_frequency 的方波信号。代码范例如下:

```
TA1CCR0 = 1000000/audio_frequency;  //设定周期
```

```
TA1CCR1 = TA1CCR0/2;                //设置占空比等于 50%
TA1CTL = TASSEL_2 + MC_1;           //Source: SMCLK=1MHz,PWM mode
```

设置定时器 A1 停止,使 P2.1 输出电平保持不变,不再输出方波。代码范例如下:

```
TA1CTL =0;
```

歌曲《荷塘月色》的乐谱对应的乐谱数组定义,范例如下:

```
//乐曲荷塘月色的乐谱〈频率值,节拍值〉   const 类型指明要放在程序存储器中
const unsigned int music_data□[2] =
{
        {523,600},{784,200},{523,200},{784,200},{523,200},{587,200},{659,1600},
        {523,600},{784,200},{523,200},{784,200},{523,200},{587,200},{587,1600},
        {523,600},{784,200},{523,200},{784,200},{587,200},{523,200},
        {440,1000},{392,200},{523,200},{587,200},
        {523,600},{784,200},{523,200},{784,200},{523,200},{440,200},{523,1600},
        {523,200},{523,400},{440,200},{392,400},{440,400},
        {523,400},{523,200},{587,200},{659,800},
        {587,200},{587,400},{523,200},{587,400},{587,200},{784,200},
        {784,200},{659,200},{659,200},{587,200},{659,800},
        {523,200},{523,400},{440,200},{392,400},{784,400},
        {659,200},{587,200},{659,200},{587,200},{523,800},
        {587,200},{587,400},{523,200},{587,200},{587,400},{659,200},
        {587,200},{523,200},{440,200},{587,200},{523,800},
        {523,200},{523,400},{440,200},{392,400},{440,400},
        {523,200},{523,400},{587,200},{659,800},
        {587,200},{587,400},{523,200},{587,400},{587,200},{784,200},
        {784,200},{659,200},{659,200},{587,200},{659,800},
        {523,200},{523,200},{523,200},{440,200},{392,400},{784,400},
        {659,200},{587,200},{659,200},{587,200},{523,800},
        {587,200},{587,400},{523,200},{587,200},{587,400},{659,200},
        {587,200},{523,200},{440,200},{587,200},{523,800},
        {659,200},{784,400},{784,200},{784,400},{784,400},
        {880,200},{784,200},{659,200},{587,200},{523,800},
        {880,200},{1047,200},{880,200},{784,200},{659,200},{587,200},{523,200},{440,200},
        {587,400},{587,200},{659,200},{659,200},{587,600},
        {659,200},{784,400},{784,200},{784,400},{784,400},
        {880,200},{784,200},{659,200},{587,200},{523,800},
        {440,200},{523,200},{440,200},{392,200},{587,400},{659,400},{523,1200},{0,400},
        {0,0}
};
```

8.2.3.4　处理乐曲播放的程序流程

图 8.2-2 是处理乐曲播放的流程建议,该流程需内嵌在定时器 A0 中断服务程序中,每 20ms"推进"一次。

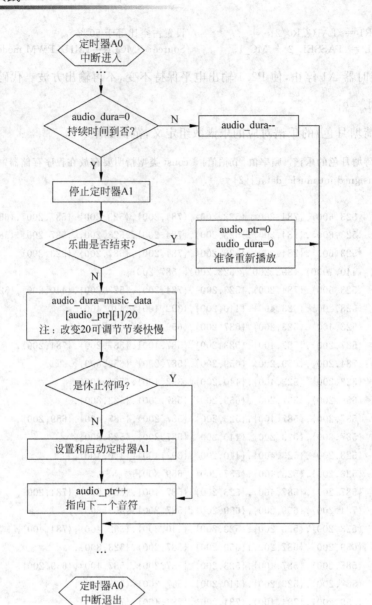

图 8.2-2　在定时器 A0 中断服务程序中处理乐曲播放的流程

8.2.4　另一种连线方案

在前述方案中,需要专门有一路频率随曲调变化的方波作为放大电路的输入,占用了单片机 P2.1 引脚。

其实,当放大电路输入一个固定的直流电压时,通过动态改变增益状态,也可以使放大电路的输出电压随之发生改变。利用这一原理,图 8.2-3 示意的连线方案中,建议通过单片机编程,按曲调变化动态改变 P1.0 至 P1.3 的引脚电平,使蜂鸣器播放乐曲。

具体流程这里不再给出,留给大家思考和实践。

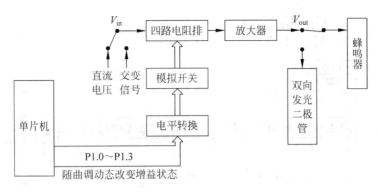

图 8.2-3　简易音乐播放装置的连线示意图

8.3　红外遥控

在前一章完成的实验电路的基础上，我们可以增加一些硬件电路，修改和增加部分程序，为电路加上红外遥控功能。

8.3.1　红外遥控功能原理简介

红外光的波长范围大致在 840nm 到 960nm 之间。红外光的传播与可见光一样，有很好的方向性。普通的红外光发射和接收器件已十分廉价，抗干扰性能也不错，使用它们可以方便地建立红外传信通道。

图 8.3-1 是最常用的红外遥控系统构成框图。它的遥控器上可以布放数量众多的按键。对按键指令进行较为复杂的编码和调制，可以把信息有效加载到载波上。载波频率一般取 36kHz 到 40kHz（最常用 38kHz）。接收器经过放大、解调、指令解码等过程，可以恢复和解读遥控按键指令。这样的红外遥控系统性能稳定，作用距离可达 10 米或更远，广泛用于家用电器遥控。

图 8.3-1　常用的码分制红外遥控系统框图

但在本实验中，为适合初学者尝试，我们所使用的是一个简易的红外遥控技术方案，省略了复杂的编码和调制过程，所以一般只能支持两个按键，且遥控作用距离比较有限。

图 8.3-2 是我们的实验装置组成示意图。在发射端，电路用二进制电平信号驱动红外发射器件，高电平（逻辑"1"）使器件发光，低电平（逻辑"0"）则器件不发光。发射端有两个按键，任一个按键被操作一次（按下-放开），都会使器件发出一个红外光脉冲，但两者引起的光脉冲持续的时长是不同的（脉冲宽度调制）。接收端通过检测有无光脉冲，由光脉冲的持续长度，就可以判别是否有遥控按键操作，是哪一个按键有操作。

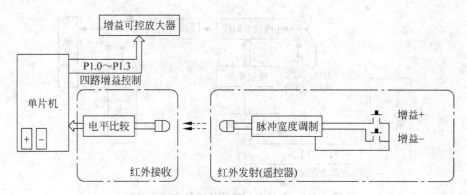

图 8.3-2　本实验所用的装置组成示意图

8.3.2　本项目主要元器件介绍

硬件电路上,本项目需要增加红外发射电路和红外接收电路两部分。红外发射部分主要由双稳态多谐振荡器及其外围电路、按键开关、红外发射管等元件组成。红外接收部分主要由红外接收管及其外围电路、电压比较器等组成。

以下,对几种主要元器件做些必要的介绍。

8.3.2.1　多谐振荡器 74HC123

在红外发射端,主要用多谐振荡器实现所谓"脉宽调制"。芯片 74HC123 是一片两封装可再触发单稳态多谐振荡器。单稳态多谐振荡器的输出只有一个稳定状态,另一个状态则是暂稳态。输入触发信号后,输出可以由稳定状态转入暂稳态,经过一定时间后,它可以自动返回原来的稳定状态。稳态和暂稳态相互转换而输出一个的矩形波脉冲(如图 8.3-3)。因此,多谐振荡器可用作矩形波发生器。所产生方波脉冲的宽度由多谐振荡器的外部元件决定。

图 8.3-3　单稳态多谐振荡器输出的矩形波脉冲

图 8.3-4(a)是 74HC123 的引脚分布示意图,其中 $R_{\text{EXT}}/C_{\text{EXT}}(7,15)$ 和 $C_{\text{EXT}}(6,14)$ 外接定时的电阻和电容,即可决定每次触发后 $Q(5,13)$ 产生的单脉冲宽度。$\overline{R}(3,11)$ 是低电平复零,不用作复零时接高电平。$\overline{A}(1,9)$ 是下降沿触发输入端,不用时接高电平。$B(2,10)$ 是上升沿触发输入端,不用时置低。$Q(5,13)$ 与 $\overline{Q}(4,12)$ 分别输出正负定时单脉冲。

当外接定时电容 $C_{\text{EXT}} \geqslant 10\text{nF}$ 时,有经验公式

$$t_{\text{w}} = K \times R_{\text{EXT}} \times C_{\text{EXT}} \tag{8.3-1}$$

其中,t_{w} 为 Q 端产生的脉冲宽度,单位为 ns; R_{EXT} 为外部定时电阻取值,单位为 kΩ; C_{EXT} 为外部定时电容,单位为 pF; K 为一个常数,当 $V_{\text{CC}} = 5.0\text{V}$ 时 $K = 0.55$,当 $V_{\text{CC}} = 2.0\text{V}$ 时 $K = 0.48$。应注意,此公式可计算出理论值,但在实际中,由于实际器件特性的偏差、制作工艺等因素,电路输出的实际脉冲宽度会有较大误差。

选用不同的两组定时电阻电容,就可以形成对应两个不同脉宽 t_w 的脉冲发生电路。为了便于接收端程控判别逻辑的设计,我们选取恰当的电阻电容组合,使得两个电路的脉宽有明显差别,比如一个为几十毫秒,另一个为几百毫秒。

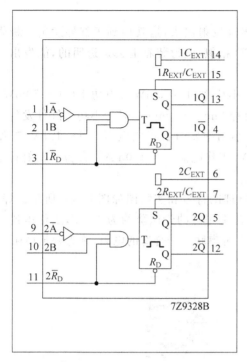

(a) 芯片74HC123的引脚分布示意图　　　　(b) 决定脉冲宽度的外围电路

图 8.3-4　芯片 74HC123 原理图及其外围电路

8.3.2.2　按键开关

红外发射端上有两个按键开关,功能上可以设计成一个用来调高被遥控电路的增益,另一个用来调低增益。

这种按键开关元件外观有四个引脚。其中,1、2 号引脚在元件内部为相连短路结构,3、4 号引脚也同样相连。焊接电路时,只需将按键开关的 1 号和 4 号引脚连入电路即可,按键开关结构和相应外部电路如图 8.3-5 所示。

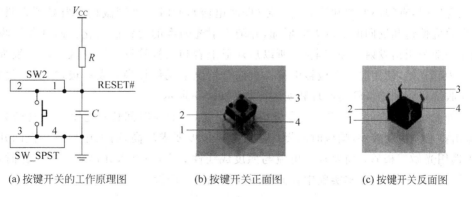

(a) 按键开关的工作原理图　　(b) 按键开关正面图　　(c) 按键开关反面图

图 8.3-5　按键开关的工作原理图以及实物封装

按键开关的外围电路包括一个上拉电阻 R,在按键未被按下时,将输出保持在高电平;外部电路一般还包括一个滤波电容 C,用以消除按键机械结构的抖动。这个电路的输出可以接到 74HC123 输入端 B,作为触发信号。

8.3.2.3　红外发射管

红外发射端需要将电信号转化为光信号并发射出去,这就用到了红外发射二极管。常用的红外发光二极管外形与发光二极管 LED 相似,但封装看上去是透明的,能发出人眼无法直接观察到的红外光。

常见的红外发光二极管,可按功率分为小功率(1～10mW)、中功率(20～50mW)和大功率(50～100mW)三大类。从外观来看,直径 3mm 或 5mm 一般为小功率红外发射管。而8mm 到 10mm 为中功率及大功率发射管。小功率发射管正向电压 1.1～1.5V,工作电流 20mA。中功率发射管正向电压 1.4～1.65V,工作电流 50～100mA。大功率发射管正向电压 1.5～1.9V,工作电流 200～350mA。

在本实验中,使用小功率发射管,它的原理图符号和实物图如图 8.3-6 所示。焊接时,应注意它的长脚为正极,短脚为负极。其正常工作区的管压降约为 1.4V,工作电流一般小于 20mA。为了适应不同的工作电压,回路中可串联一个合适的电阻,称为限流电阻。

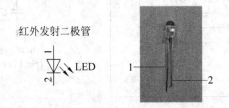

图 8.3-6　推荐使用红外发射二级管的电路原理图和实际封装图

8.3.2.4　红外接收管

红外接收端要将发射端发出的光信号转换为电信号,这就用到了红外接收管(或称红外光敏管)。

红外接收管分为两种,一种是红外接收二极管,一种是三极管,两种接收管封装相似,一般无法从外形上判断。可以用万用表测量,两脚之间的正反向电阻值一大一小的为二极管,正反向都很大的为三极管(阻值大概为几百 $k\Omega$)。

在使用的时候,要先判断是二极管还是三极管。如果是二极管,工作时需加上反向电压。无光照时,有很小的饱和反向漏电流(即暗电流),此时二极管截止。当受到光照时,通过光电效应使饱和反向漏电流大大增加,并随入射光强度的变化而变化。而红外接收三极管由于一般只引出发射极和集电极,所以从外形上看和二极管没有明显区别。一般都是以集电极为感光结,使用时集电极接电源。大部分情况下元件长脚为发射极,短脚为集电极。红外接收二极管和三极管的原理和实物图如图 8.3-7 所示。

红外光敏二极管的光电流小,输出特性线性度好,响应时间快;光敏三极管的光电流大,输出特性线性度较差,响应时间慢。在接收灵敏度要求较高,而工作频率较低的开关电路,可选用光敏三极管;而要求光电流与照度成线性关系,或要求在高频率下工作时,应采用光敏二极管。所以,在本实验中我们使用红外光敏三极管。

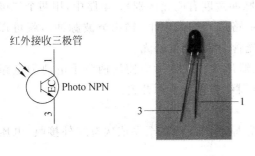
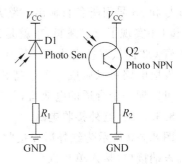

(a) 红外接收三极管的电路原理图和实物图　　　　(b) 红外接收二极管和三极管的使用原理图

图 8.3-7　红外接收三极管和二极管

8.3.3　红外发射电路和接收电路方案

8.3.3.1　红外发射电路(遥控器)

图 8.3-8 是红外发射端的电路原理图。图中左侧是两个相似结构的单稳态触发器电路,上面一个对应按键 S1,下面对应 S2。电阻电容对 R_2、C_2(R_5、C_4)是控制输出脉冲宽度的 RC 充放电定时元件。而 R_1、C_1(R_4、C_3)是两个按键对应的上拉电阻、滤波电容。74HC123

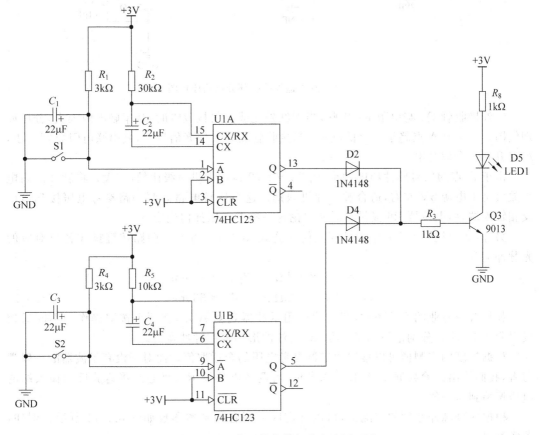

图 8.3-8　红外遥控发射部分电路原理图

的 5 号和 13 号引脚各自输出一路方波脉冲（脉冲宽度有明显区别）。电路中，用两个二极管 D2 和 D4 实现了"或"逻辑，也就是说只要有一路信号为高电平（输出方波脉冲），就可以为三极管 Q3 提供基极电流，Q3 导通使红外发光管 D5 发出红外光。

发射电路可以做成一个手持移动的遥控器形式。我们考虑使用两节干电池为电路供电。可以配一个合适的电池盒，并利用排针和跳线帽做成电源开关。

8.3.3.2　红外接收电路

图 8.3-9 所示为红外遥控接收部分的电路原理图。从右至左依次有红外接收、电压比较和末端接口（接入单片机）。

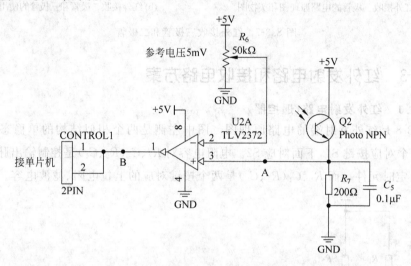

图 8.3-9　红外遥控接收部分电路原理图

红外接收管 Q2 与电阻 R7 串联，当无红外光线照射接收管时，其串联电阻很大，分压原理使图 8.3-9 中 A 点趋于一个低电压；当接收管收到红外光信号时，其串联电阻急剧变小，A 点升到一个较高电压。

由于 A 点的信号脉冲幅度偏小，由 TLV2372 运放提供一级比较（放大），将脉冲的高电平放大至正电源 5V 左右，适合被单片机识别。这个比较电路需要一路参考电压接到运放反相输入端，由电位器 R6 提供。后文讨论这一参考电压如何确定。

另外，如果把图 8.3-8 中元件取值代入公式（8.3-1），可计算两路按键操作各自对应的光脉冲宽度

$$t_1 = 0.5 \times 10\text{k}\Omega \times 22\mu\text{F} = 110\text{ms}$$
$$t_2 = 0.5 \times 30\text{k}\Omega \times 22\mu\text{F} = 330\text{ms}$$

(8.3-2)

如果有较专业的实验条件，我们建议用示波器观测 A 点，在两个按键操作和不同遥控发射距离下，注意分别记录 A 点的波形，关注波形幅度和脉冲宽度。

根据幅度的实测值可以推定比较器参考电压的合适取值。而对于没有示波器的一般学习者，我们给出经验数据 5mV 作为参考值，可调节电位器 R6，小心地将运放反相输入端的电压调整到这一值。

根据两种脉冲宽度的实测值，可以确定区分两者的基本参数如图 8.3-10 所示。例如，若实测得

$$t_1 = 70\text{ms}, \quad t_2 = 220\text{ms}$$

就可以利用单片机自动检测脉冲的宽度,判定是哪一路按键的信号。

对于没有示波器的一般学习者,我们可以用式(8.3-2)给出的理论估算值作为基础,假定器件特性偏差引起的误差最多达到40%,则 t_1 实际可能取值区间扩展为[66ms,154ms], t_2 相应为[198ms,462ms]。两者没有重叠的区间,所以可以据此区分是哪一路按键。

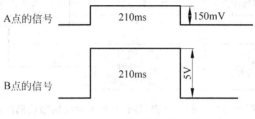

(a) 较长脉冲 t_2 在A点和B点的波形示意

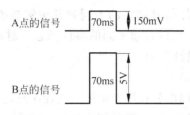

(b) 较短脉冲 t_1 在A点和B点的波形示意

图 8.3-10　接收端的波形图示例

8.3.4　单片机程序设计的建议

8.3.4.1　人机操作方案要增加的设计

我们计划保留基础部分的系统人机操作功能,也就是实验底板上通过按键操作来调节增益的功能,以及用数码管显示增益数值的功能。

在原有功能的基础上,现在添加红外遥控的控制方式。遥控器上的一个按键,也能用来将增益调大,另一个按键将增益调小。

另外,为便于调试和观察,我们计划用底板上的一个 LED 灯,指示当前红外接收端是否收到红外光信号——接收到红外信号时点亮,接收不到红外信号时熄灭。

8.3.4.2　新增程控逻辑的方案设计

上一章,我们设计了基础部分的程控逻辑方案,对应框图 7.3-2,它包含四个核心代码段。本实验中,我们需要在其基础上,增加两个核心代码段,分别是"红外按键核心程控逻辑"(A_infrared,简称 AI)、"红外按键操作判定"(B_infrared,简称 BI)。

图 8.3-11 展示了修改后的系统程控逻辑框图。可见,原有的底板按键操作引起的处理与红外遥控按键操作引起的处理,在逻辑上可以是并行不悖的。两者都能向代码段 C 和 D 提交消息,造成增益控制信号(控制模拟开关)和数码管显示的相应变化。

在系统运行中,每当代码段 BI"红外按键操作判定"检测到真实有效的红外按键操作,就向代码段 AI"核心程控逻辑"发出对应的消息数据;代码段 AI 收到消息后进行合理的逻辑和数值运算,确定当前增益值应如何改变,然后向代码段 C"增益数值显示"发出改变显示的消息,再调用代码段 D"模拟开关控制信号输出",相应改变四路增益控制信号。

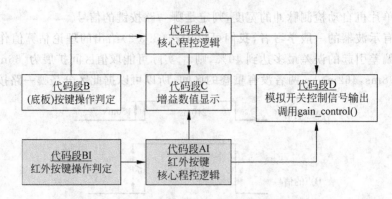

图 8.3-11 程控逻辑框图(灰色框对应新增代码段)

新增程序的重点在于代码段 BI 对于红外按键操作的判定,它不仅要判断是否接收到红外信号,还要根据所接收到红外信号脉宽的不同判断按键功能,确定"+"按键还是"-"按键,并向红外按键核心程控逻辑 AI 传递不同的事件标志。对该代码段包含的算法,后文中会给出进一步的专门分析和设计提示。

8.3.4.3 数据结构的改动

前段提到,我们需要在基础部分程序上添加一些程序段,主要包括红外按键核心程控逻辑 AI 和红外按键操作判定 BI,这自然需要相应增加一些常量和变量。表 8.3-1 列出了需要添加的各项常量和变量。表中最右栏解释了各项目的含义和功能,以及某些变量如何在不同代码段之间传递,但具体用法将在后文中更清楚地解释。

表 8.3-1 需要添加的程序变量

序号	名 称	类 型	取值或初值	含义或功能说明
1	INFRARED	指令助记符	PIN1&BIT7	选用 P1.7 作为输入红外检测信号的引脚,定义该管脚的读命令
2	infrared_state	全局变量	0/1/2	记录红外按键操作判定的状态转移机的当前状态
3	infrared_pulsewidth	全局变量	0	脉宽检测计数,P1.7 检测到高电平则+1,≥2 时进入状态 1,≥9 时进入状态 2,若检测到低电平则数值为 0
4	infrared_flag	全局变量	0/1/2	红外按键的事件标志,检测到短脉冲时置 1,检测到长脉冲时置 2,其他程序处理后复 0。负责传递代码段 BI 向代码段 AI 的消息

同时,还有几个原有的全局变量,在新的程控逻辑中将承担更多的任务,表 8.3-2 中列出了它们。

要注意,红外接收端接收的信号经过放大处理,从单片机某个 GPIO 引脚输入单片机,比如可以用 P1.7 引脚。我们要在程序中添加 P1.7 的初始化语句,在代码段 BI 中会包含读取 P1.7 信号的语句。

表 8.3-2　原有的程序变量承担更多任务

序号	名　称	类　型	取值或初值	含义或功能说明
1	gain_state	全局变量	1	当前增益等级,1 代表 0.1,2 代表 0.2,以此类推;原先仅负责传递代码段 A 向代码段 D 的消息,现在同时负责传递代码段 A 和 AI 向代码段 D 的消息
2	digit[2]	全局变量	空格	左数第 7 和第 8 位数码显示,对应增益值的个位数和十位数;原先仅负责传递代码段 A 向代码段 C 的消息,现在同时负责传递代码段 A 和 AI 向代码段 C 的消息
3	digit[3]	全局变量	空格	

8.3.4.4　程序结构的流程设计

前一章,我们曾给出过基础部分的单片机程序结构流程(图 7.3-3),其结构有两部分。一是无限循环的主程序,其中包含按键核心程控逻辑(代码段 A)和输出模拟开关控制信号(代码段 D)等部分;二是每隔 20ms 触发运行一次的 timer0 中断服务程序,包含(底板)按键操作判定(代码段 B)和刷新数码管的增益数值显示(代码段 C)等部分。

与基础部分一样,我们把与 A 功能结构相似的代码段 AI 放入主程序中,而与 B 相似的 BI 放入 20ms 中断程序中,如有需要再对原有的 C、D 两段适当改写。图 8.3-12 是修改后的程序结构流程。

8.3.4.5　代码段 BI 的算法设计

(1) 红外按键信号检测原理解释

在红外发射端,按键未被按下时单稳触发器输出信号为低电平,按键被按下时该信号为高电平,这个电信号被转换为光信号发射。而红外接收端将接收到的光信号又转换为电信号,这个电信号从 P1.7 引脚送入单片机进行处理。

图 8.3-13 用来解释红外按键信号检测的原理。图中展示了 P1.7 引脚收到的一段电信号,与发射端相同,依旧是低电平代表红外按键未按下,高电平代表红外按键被按下。这个机制与基础部分的底板上按键电信号判断有些类似,但基础部分每个不同底板按键可由语句 key_code＝TM638_Readkeyborad() 区分。而在此处,两个遥控按键的电信号使用同一条红外传信通道,只能依靠电信号的脉宽区分不同按键。单片机接收到信号后,要根据脉宽的长短区分出是哪一个按键被按下,然后发送不同的事件标志给核心控制程序,使它做出相应的增益控制动作。

与基础部分相同,在 20ms 的中断程序中对红外接收端的 P1.7 引脚信号进行定时采样,可以获得一串二进制采样值序列。单片机程序中用一个脉宽计数变量(比如 infrared_pulsewidth)对二进制序列中的连续'1'的个数进行计数。根据我们的设计,每一个方波脉冲的高电平期间会被采样多次。比如,图 8.3-13 中,长脉冲被连续重复采样到 11 次,短脉冲被采样到 3 次,显然两者有明显区别,脉冲的长度就对应于相连'1'的个数,这就可以作为程序区别不同按键的依据。

(2) 代码段 BI 对应的逻辑状态机

代码段 BI 按照上述原理对红外信号进行检测和判定。它位于 20ms 中断程序中,行为方式可以用有限状态机来描述。图 8.3-14 是算法的状态转移图。这个状态机主要用来处理引脚 P1.7 上检测到的信号,它有三个状态。与状态机有关的变量列在表 8.3-3 中。状态机的行为描述如下(并列在表 8.3-4 中)。

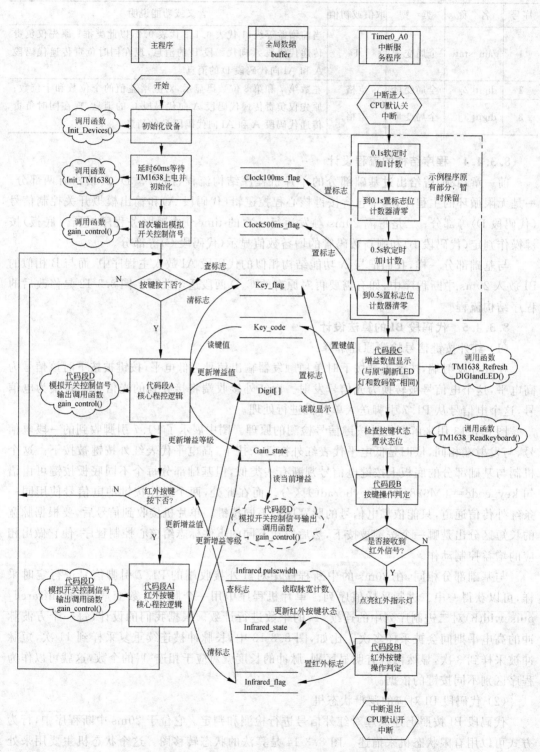

图 8.3-12 添加红外按键控制后的程序结构流程

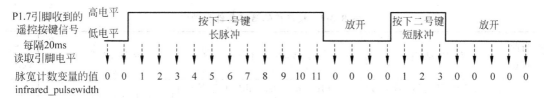

图 8.3-13　红外遥控按键信号检测的原理

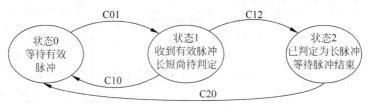

注：简略起见，每个状态向其自身转移的箭头省略未画

图 8.3-14　代码段 BI 算法的状态转移图

- 状态 0

此时处于等待有效脉冲的状态。

检测一次 P1.7 引脚信号，若为高电平，则将脉宽检测计数变量 infrared_pulsewidth 加 1；若为低电平，则将 infrared_pulsewidth 清零。

如果脉宽检测计数变量 infrared_pulsewidth 的值大于等于短脉冲的最小长度，则转向状态 1。

注：系统初始时处于状态 0。

- 状态 1

此时已检测到有效脉冲，但尚待确定是哪一种脉冲。

检测一次 P1.7 引脚信号，若为高电平，则将脉宽检测计数变量 infrared_pulsewidth 加 1；若为低电平，则将 infrared_pulsewidth 清零。

如果脉宽检测计数变量 infrared_pulsewidth 的值大于等于长脉冲的最小长度，则转向状态 2；否则如果 infrared_pulsewidth 等于 0，说明收到的是一个短脉冲，infrared_flag＝1 向代码段 AI 发出消息，本次接收完成，回归状态 0。

- 状态 2

此时已检测到长脉冲，等待该脉冲结束，再发出消息。

检测一次 P1.7 引脚信号，若为低电平，则将 infrared_pulsewidth 清零；若仍为高电平，则不处理。

如果脉宽检测计数变量 infrared_pulsewidth 等于 0，说明一个长脉冲结束，infrared_flag＝2 向代码段 AI 发出消息，本次接收完成，回归状态 0。

表 8.3-3　与状态机有关的变量

全局变量名	类　型	取值或初值	作 用 说 明
infrared_state	全局变量	0	记录状态转移机的当前状态
infrared_pulsewidth	全局变量	0	脉宽检测计数。引脚 P1.7 检测到一次高电平则计数＋1，若检测到低电平则计数清 0
infrared_flag	全局变量	0	事件标志。判定短脉冲时置 1，判定长脉冲时置 2，向其他程序段传送消息，获得处理后复 0

表 8.3-4　状态机的转移条件和动作

当前状态	常规动作	转移条件	转移前动作	下一状态
0	读 P1.7 引脚信号,若为 1 则 infrared_pulsewidth++;否则 infrared_pulsewidth=0	C01:infrared_pulsewidth 大于等于短脉冲的最小长度	infrared_state=1	1
		否则(C00)	无	0
1	读 P1.7 引脚信号,若为 1 则 infrared_pulsewidth++;否则 infrared_pulsewidth=0	C12:infrared_pulsewidth 大于等于长脉冲的最小长度	infrared_state=2	2
		C10:infrared_pulsewidth 等于 0	断定为短脉冲,infrared_flag 置 1 向代码段 AI 发出消息;infrared_state=0	0
		否则(C11)	无	1
2	读 P1.7 引脚信号,若为 0 则 infrared_pulsewidth=0	C20:infrared_pulsewidth 等于 0	断定为长脉冲,infrared_flag 置 2 向代码段 AI 发出消息;infrared_state=0	0
		否则(C22)	无	2

(3) 长短脉冲宽度下限

使用上述状态机算法,需要先分别确定短脉冲的最小长度、长脉冲的最小长度,即它们各自的脉冲宽度下限。

在硬件电路设计部分,我们分析得到短脉冲宽度 $66\text{ms} \leqslant t_1 \leqslant 154\text{ms}$,而长脉冲 $198\text{ms} \leqslant t_2 \leqslant 462\text{ms}$。由于单片机时钟中断周期设为 20ms,若以短脉冲宽度下限 66ms 计,可以被检测到高电平 3~4 次,以上限 154ms 可以检测到高电平 7~8 次;而以长脉冲下限 198ms 计,可以被检测到高电平 9~10 次,上限 462ms 对应被检测到高电平 23~24 次。再充分考虑前后脉冲的间隔,我们不妨将程序中的短脉冲宽度计数下限定为 2,长脉冲下限定为 9。

如果用 switch 语句结构对上述算法进行代码实现,据此画出的程序流程图如图 8.3-15 所示。

8.3.5　提高红外遥控的有效距离

本实验中制作的"遥控器"的作用距离比较有限,大多数情况下在 1 米以内。那么是否能尽量增加其遥控有效距离呢?

本实验的红外遥控有效距离可以从红外发射端和接收端两个方面加以改进。

在发射端,可以考虑提高发射光功率。在图 8.3-16 的红外发射端原理图中,采用了两个红外发光管,以获得更大的发射光功率。当然,这也会增加发射能耗,缩短遥控器电池的使用寿命。

在接收端,可以考虑提高接收灵敏度。在实际中,红外接收和发送间的距离越远,接收到的光功率就越低,相应转化得到的电压信号幅值就越低。为有效检测到微弱的信号,需要仔细确定红外接收电路中的电压比较器的参考电压值。理论上,这个参考电压取值越低,接收器灵敏度越高。但是由于电路基底噪声的存在,参考电压也不能无限制降低,否则很容易受噪声干扰而出现误判。在本实验中,保证系统正常工作的参考电压,经验值大概是 5mV。

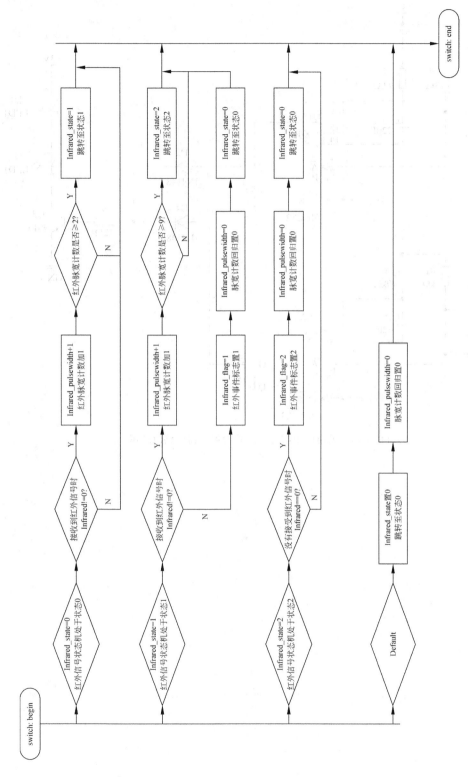

图 8.3-15　代码段 B1 程序的主体流程样例

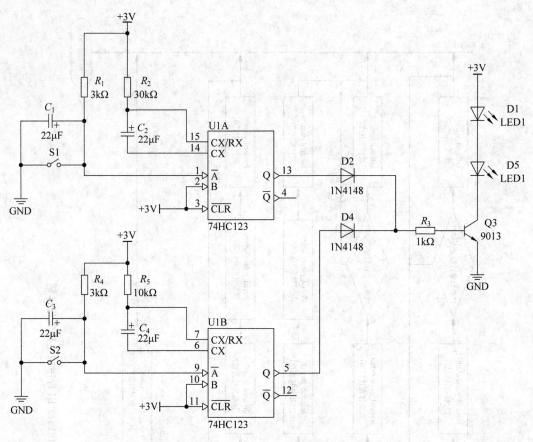

图 8.3-16 采用两个红外发光管的遥控器电路原理图

第 9 章

CHAPTER 9

实验作品评测和实验报告写作

9.1 本章引言

本章,我们讨论如何依据一定的标准,尤其是定量的技术标准,制定测量和评价方法,开展对电子装置(本书实验项目作品)的评测。本书提供的实验项目可用于大专院校的正规课程中,我们进一步给出符合惯例的百分制评分方案。

另一方面,对完成一个较复杂的工程设计实践项目而言,实验报告或者说设计报告是项目必不可缺的一部分。本章,面向初学者提供关于设计报告写作的常识性指导,涉及报告的组织结构、语言风格、图表使用及其格式、程序设计说明技巧和引用其他文献的正确做法等方面。为了降低初学者上手难度,还给出了与本书实验项目相配套的报告写作模板,供参考和使用。

9.2 评价实验完成情况

9.2.1 工程实际中的技术标准及其检测方法

产品化的电子设备的研发和生产一般要依据一定的技术标准来组织。这类技术规范,有的是企业自己制定并在内部执行,也有的是行业协会(跨企业合作组织)主导制定,还有的是政府部门组织制定并依靠国家法律保障强制执行。

针对某一款产品,可能同时存在国家标准、行业标准和企业标准。在三者中,一般国家标准在技术指标上要求最低,它规定的是对产品质量、安全等方面的最基本要求,低于红线则不准生产、销售或使用;企业标准所规定的技术指标往往严于前两者。实施较严的质量控制标准,也就是设置一定的工程裕量,降低本企业产品因偶尔的质量波动导致违背国标规定的风险。

执行技术标准规范,尤其是国家标准,有一定的流程和机制。以公共电信网络进网标准为例,电信设备生产企业的产品只有被证明达标,才能被许可接入公共电信网,颁发入网证。一般先由生产企业提出申请,并依照规范提供检测样机,交由有资质的专业检测机构进行评测认证。检测机构出具详细的评测报告,报告给出的最终结论只有"合格"和"不合格"两种。只有所有评测项目均达到技术标准要求,方能获得合格的结论。

另一方面,技术标准中的规定往往比较全面和完备,但按照标准,实施检测的方法有时可以多种多样,步骤也可以千差万别。比如电话交换机设备的技术指标"损耗频率失真",规定了在 200Hz 至 3600Hz 频率范围内的信号传输损耗的相对误差,但实际测量时一般只抽测输入信号为该范围内 8 到 10 个频点的设备性能。所以,为了保证评测的规范和公正,往往针对技术标准另行制定名叫"检测方法"的标准性文件,既方便检测机构参照执行,也使研发生产者在正式送检认证前能预先组织内部测试。

参照以上讲到的工程实际中的做法,针对本书的实验项目作品,我们也可以制定"技术标准"和相应的"检测方法"。

9.2.2 实验作品的技术标准

根据本书实验课题完成的电子设计作品,在功能上可分为基本功能和拓展功能两部分。以下分别给出两部分的技术标准。

9.2.2.1 基本功能

具有基本功能的实验作品可以描述为:一个增益受单片微处理器程序控制的音频放大器。

- 增益

作品的增益均指绝对值增益,用 $|G|$ 表示,定义式写作

$$|G| = \left| \frac{V_o(t)}{V_i(t)} \right| \tag{9.2-1}$$

其中,$V_i(t)$ 为放大器输入电压信号,$V_o(t)$ 为输出电压信号。$V_i(t)$ 可以是交流信号,也可以是直流信号。

- 增益可变(增益等级切换)

放大器增益可变指 $|G|$ 至少有 15 种取值,即 $|G| \in \{g_n\}$,其中 $n = 1, 2, \cdots, 15$;而 $g_n = \dfrac{n}{10}$。

- 输入信号电压范围

$$-3.2\text{V} \leqslant V_i \leqslant 3.2\text{V}$$

- 输入信号最高频率

$$f_{\text{MAX}} = 8\text{kHz}$$

- 增益误差

当电路处于工作状态 $|G| = g_n$ 时,实测增益 $g_{n\text{实测}}$ 相对于理论增益的误差不大于 3%,即

$$E_n = \frac{|g_{n\text{实测}} - g_n|}{g_n} \times 100\% \leqslant 3\% \tag{9.2-2}$$

- 人机操作

作品需带有基本的人机操作功能。通过数码管、发光二极管指示灯等简易显示工作状态,比如当前的电路增益值;使用者可以通过键盘操作改变增益设定。

- 可靠性

作品有基本合理的装配结构,焊接和连接比较合理。在一般操作过程中不应出现接触不良、死机等故障。

9.2.2.2 拓展功能

实验作品的拓展功能包括电子音乐合成及播放功能、红外遥控功能。

- 电子音乐合成及播放功能

具有该功能的作品至少能以较适中的音量播放一首完整的乐曲。

- 红外遥控功能

对具有该功能的作品,使用者可以通过红外遥控有效控制增益变化。有效的遥控距离至少达到15cm或以上。遥控器需使用电池供电,便于手持移动。

- 各项功能的兼容性

实验作品若具有多项功能,它们之间应能互相兼容并存。各项功能应统一在一个控制软件程序中同时实现。

比如,使用电子音乐播放功能时,作为基本功能的按键控制增益仍应有效。

再如,作品若同时具有上述两种拓展功能,则播放音乐时,应可以通过遥控器改变音量。

确有实际中无法同时使用的功能,比如播放不同的多支乐曲,则应可由使用者通过键盘操作进行乐曲选择或切换。

9.2.3　评价原则和成绩构成

工程实际中,被测设备必须全项目达到技术标准要求,才能被认定为合格。评测结论也不作出"优秀"、"良好"等分级评价。然而,考虑到本书实验项目可用于大专院校正规课程,所以我们除了仿照工程实际检测形式外,也给出符合学校教学习惯的百分制评分方案。

表9.2-1列出了百分制成绩的构成建议,其中体现了下述原则。

表 9.2-1　百分制成绩构成

项目		第一套评测方案的分数构成 (简易实验环境)	第二套评测方案的分数构成 (专业实验环境)
平时成绩		10	10
作品检测成绩	基本功能 — 增益及其误差	37	34
	基本功能 — 交流信号	—	3
	基本功能 — 人机界面	3	3
	基本功能 — 作品稳固性	3	3
	基本功能 — 焊装质量	3	3
	拓展功能 — 音乐合成播放	6	6
	拓展功能 — 红外遥控	10	10
	拓展功能 — 多功能系统整合	3	3
报告成绩		25	25
总计		100	100
个性化设计创意(附加奖励)		+5	+5

- 总评成绩由平时成绩、作品检测成绩和实验报告成绩三部分合成

一定比例的平时成绩可以让教师根据自己的教学习惯灵活掌握,用于调动学生参与学习和动手实践的积极性。可以考虑学生的课堂(实验室)表现、参与技术讨论的积极程度,也可以在过程中设定一次或若干次中期检查,督促学生掌控好工作进度。

作品检测成绩占比最高(约为三分之二),来自对作品功能和性能的直接评测。这体现工程实践课程重在训练和评判学生解决实际问题能力的特点。

专业的工程设计人员必须有良好的口头和书面表达技能,可以与客户或技术合作者高效率沟通,不能只是一名表达能力有限的"手艺人"。实验报告写作是训练书面正式表达的关键环节。实验报告成绩占比约四分之一。

- 作品检测成绩由基本功能和拓展功能两部分评分合成

在作品检测成绩中,基本功能评分约占 70%,直接关系到学习者是否能合格地通过课程考核;拓展功能在电路技术上需要基于前者才能实现,实现拓展功能的作品能获得较优秀的成绩。

- 定量考核与定性评估相结合

作品检测环节既有比较多的定量评测,比如对增益及其误差进行测量并严格按照数据评定分数;也有定性评估,比如对人机界面、焊装质量、作品稳固性、两种拓展项目等,则主要从功能(有或无)方面开展定性评判。

- 对定量评测性能优秀的作品给予评分奖励

比如,增益及其误差评测项中,被测作品在大多数或所有评测点上的相对误差若能控制在 1% 以内,则加计一定的分数奖励,鼓励学习者在实验制作中精益求精。

- 鼓励个性化设计创意

教师可对包含较鲜明个性化设计创意的作品给予额外附加分,以示鼓励。创意可以包括但不限于这些方面:电路方案、人机界面、稳固结构、作品高性能、附加的实用功能等。

- 两套略有差异的评测方案

对于仅使用万用电表作为基本测量工具的普通学习者,我们建议第一套评测方案。

如果学习者拥有较专业的实验环境,配有函数信号发生器和示波器设备,我们建议使用略有区别的第二套评测方案。其中增加了使用这两种设备测试放大电路通过交流信号的性能评测,而考查重点是学习者熟练和正确操作仪器设备的能力。

9.3　实验作品的评测

9.3.1　评测项目和所需器材

按课题要求,作品评测可分为三个主要的独立部分,即基本功能、拓展功能之音乐合成播放、拓展功能之红外遥控,见表 9.3-1。其中第一项为必做,后两项选做。

开始评测前,应按作品的实际情况,根据表 9.3-1 的相关提示,准备好所需器材。

表 9.3-1　独立评测部分和所需器材表

序号	独立评测部分	必做/选做	第一套评测方案所需器材	第二套评测方案所需器材
1	基础实验部分	必做	实验电路板及附件; 3 位半或更高精度万用电表; 为实验电路供电的设备(可以是电脑 USB 口或电源适配器等)	实验电路板及附件; 3 位半或更高精度万用电表; 函数信号发生器; 示波器; 为实验电路供电的设备(可以是台式稳压电源或电脑 USB 口或电源适配器等)

续表

序号	独立评测部分	必做/选做	第一套评测方案所需器材	第二套评测方案所需器材
2	拓展功能：音乐合成播放	选做	实验电路板及附件； 为实验电路供电的设备（可以是台式稳压电源或电脑 USB 口或电源适配器等）	
3	拓展功能：红外遥控	选做	实验电路板及附件； 1.5m 或更长的卷尺； 为实验电路供电的设备（可以是台式稳压电源或电脑 USB 口或电源适配器等）	

9.3.2 基本功能评测

仅使用万用电表为主要测量工具的学习者请参照第一套评测方案开展评测，配有函数信号源、示波器等专业设备的学习者可选择第二套评测方案。

9.3.2.1 第一套评测方案

• 评测准备

请参照图 9.3-1 布设实验装置连好电路，参照图 9.3-2 理解评测原理。评测开始前下载正确的单片机控制程序。

图 9.3-1　基本功能部分的装置（仅使用万用表检测）

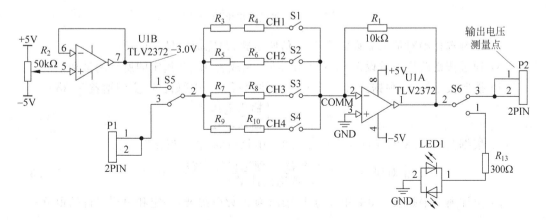

图 9.3-2　增益可控放大器的电路原理图

- 评测步骤和记录（以下步骤中的实际操作，除专门指明由评测官实施的之外，均应由学习者负责）

（1）开关 S5 选通 1-2 脚，S6 选通 2-3 脚；

（2）作品上电，初步整理和准备；

（3）万用表测量 S5 之 1 号引脚（或其等效点）对 GND 电压，调节变阻器 R2 使图 9.3-2 左侧箭头点电压为−3.00V±0.01V（图 9.3-3），作为评测用固定的输入电压信号，并记入表 9.3-2 中"输入电压"一栏；

（4）按键选择绝对值增益设定为 0.1，用万用表测量 P2 端对地电压（如图 9.3-4），作为放大电路输出电压读数记入表 9.3-2 中相应的"输出电压"一栏，此时的数码管显示填入表格相应空格；

图 9.3-3　测量输入电压

图 9.3-4　测量输出电压

（5）按键选择绝对值增益设定为 0.2，仿照步骤（4）完成测量和记录；

（6）通过按键改变增益设定，重复上述步骤，完成表 9.3-2 指定的所有测量和记录；

（7）按照技术标准，根据公式（9.3-1）计算并填写表 ∗ 中每行的"实测增益"一格；

$$实测增益 = \left| \frac{输出电压}{输入电压} \right| \tag{9.3-1}$$

（8）根据公式（9.3-2）计算并填写表 9.3-2 中每行的"相对误差"一格；

$$相对误差 = \frac{实测增益 - 理论设计增益}{理论设计增益} \times 100\% \tag{9.3-2}$$

（9）由评测官根据表 9.3-2 中序号 1 至 16 项的评分提要，评定和填写每行的得分；

表 9.3-2　基本功能第一套评测方案记录表

序号	理论设计增益	输入电压（V）至少三位有效数字	输出电压（V）至少三位有效数字	显示增益	实测增益至少四位有效数字	相对误差（%）至少两位有效数字	得分	评分提要
1	0.1							
2	0.2							
3	0.3							
4	0.4							
5	0.5							相对误差小于等于1%的项,得2分;
6	0.6							
7	0.7							大于1%而小于等于3%的项,得1.5分;
8	0.8							
9	0.9							大于3%不得分
10	1.0							
11	1.1							
12	1.2							
13	1.3							
14	1.4							
15	1.5							
16	相对误差性能优良的奖励							15项相对误差均小于等于1%,记7分;否则,若至少10项相对误差小于等于1%,记4分;其他情况不得分
17	人机界面(按键操作是否顺畅稳定、显示是否正确和稳定等)							评分区间0~3分,由评测官主观认定
18	作品稳固性(抗跌落试验,简单整理后作品功能恢复的情况)							评分区间0~3分,由评测官主观认定
19	焊装质量(焊点质量、走线规整、接插件用法规范、装配质量等)							评分区间0~3分,由评测官主观认定
	得分合计							以上得分的总和

(10) 作品断电,如图 9.3-5 双手平持作品,离桌面垂直距离约 20cm,桌面铺 8 层 A4 打印纸作为减震垫;

(11) 双手同时放开作品,任其自由跌落到桌面(抗跌落试验);

(12) 简单整理作品的连线和插接;

(13) 作品重新上电,展示各项功能是否能正常运行,由评测官按表 9.3-2 评分提要,评定和填写"作品稳固性"的得分;

(14) 停止为电路供电,拔下自制的电路板,如图 9.3-6 和 9.3-7,由评测官检视电路板的正面和反面,评价焊接和装配的总体质量,按表 9.3-2 评分提要,评定和填写"焊装质量"的得分;

(15) 结束基本功能的评测。

(a) 双手平持作品，离桌面垂直距离约20cm   (b) 双手同放开作品，任其自由跌落到桌面

图 9.3-5　抗跌落试验

图 9.3-6　电路板正面

图 9.3-7　电路板反面

9.3.2.2　第二套评测方案

• 评测准备

请参照图 9.3-8 布设实验装置连好电路，参照图 9.3-9 理解评测原理。评测开始前下载正确的单片机控制程序。

• 评测步骤和记录(以下步骤中的实际操作，除专门指明由评测官实施的之外，均应由学习者负责)

(1) 开关 S5 选通 1-2 脚，S6 选通 2-3 脚；

(2) 作品上电，初步整理和准备；

(3) 万用表测量 S5 之 1 号引脚(或其等效点)对地电压，调节变阻器 R_2 使图 9.3-9 左侧箭头点电压为 $-3.00\mathrm{V}\pm0.01\mathrm{V}$(图 9.3-3)，作为评测用固定的输入电压信号，并记入表

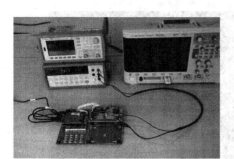 

(a) 直流信号放大检测(使用台式万用表检测)　　(b) 交流信号放大检测(使用函数信号源、示波器检测)

图 9.3-8　基本功能部分的装置(使用万用表、函数信号源、示波器检测)

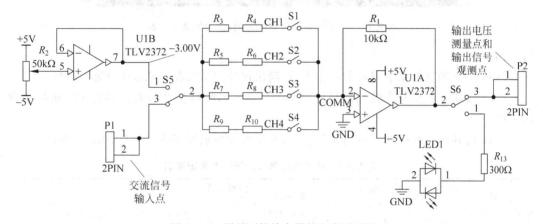

图 9.3-9　增益可控放大器的电路原理图

9.3-3 中"输入电压"一栏;

(4) 按键选择绝对值增益设定为 0.1,用万用表测量 P2 端对 GND 电压(图 9.3-4),作为放大电路输出电压读数记入表 9.3-3 中相应的"输出电压"一栏,此时的数码管显示填入表 9.3-3 相应空格;

(5) 按键选择绝对值增益设定为 0.2,仿照步骤(4)完成测量和记录;

(6) 通过按键改变增益设定,重复上述步骤,完成表 9.3-3 指定的所有测量和记录;

(7) 按照技术标准,根据公式(9.3-1),计算并填写表 9.3-3 中每行的"实测增益"一格;

(8) 根据公式(9.3-2),计算并填写表 9.3-3 中每行的"相对误差"一格;

(9) 由评测官根据表 9.3-3 中序号 1 至 16 项的评分提要,评定和填写每行的得分;

(10) 开关 S5 改为选通 2-3 脚,S6 仍然选通 2-3 脚;

(11) 使用函数信号发生器,产生正弦波信号输入 P1 端口,波形频率 1kHz,峰峰值 6V,直流偏置 0;

(12) 使用示波器双通道同时观测两处波形,第一处为 P1 端输入信号,第二处为 P2 端输出信号。图 9.3-10 给出正弦波信号规测实例;

(13) 挑选若干种设点增益,使波形稳定显示在示波器上,以便评测官验证;

(14) 由评测官根据学习者的操作表现,给出评分并填写在表 9.3-3 中第 17 项;

(15) 改用三角波信号为输入信号,波形频率 500Hz,峰峰值 6V,直流偏置 0,重复步骤

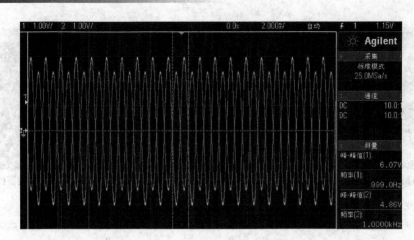

图 9.3-10 正弦波信号观测实例(放大倍数=0.8)

11~13;

(16) 由评测官根据学习者的操作表现,给出评分并填写在表 9.3-3 中第 18 项;

(17) 改用方波信号为输入信号,波形频率 300Hz,峰峰值 2V,直流偏置 1V,重复步骤 11~13;

(18) 由评测官根据学习者的操作表现,给出评分并填写在表 9.3-3 中第 19 项;

表 9.3-3 基本功能第二套评测方案记录表

序号	理论设计增益	输入电压(V)至少三位有效数字	输出电压(V)至少三位有效数字	显示增益	实测增益至少四位有效数字	相对误差(%)至少两位有效数字	得分	评分提要
1	0.1							
2	0.2							
3	0.3							
4	0.4							
5	0.5							
6	0.6							相对误差小于等于 1% 的项,得 2 分;
7	0.7							大于 1% 而小于等于 3% 的项,得 1.5 分;
8	0.8							
9	0.9							大于 3% 不得分
10	1.0							
11	1.1							
12	1.2							
13	1.3							
14	1.4							
15	1.5							
16	相对误差性能优良的奖励							15 项相对误差均小于等于 1%,记 4 分;否则不得分
17	输入交流信号(正弦波,频率 1kHz,峰峰值 6V,直流偏置 0)							学习者若能正确操作仪器,波形基本正确(无明显异常和失真),对应项得 1 分;否则酌情扣减
18	输入交流信号(三角波,频率 500Hz,峰峰值 6V,直流偏置 0)							
19	输入交流信号(方波,频率 300Hz,峰峰值 2V,直流偏置 1V)							

续表

序号	理论设计增益	输入电压（V）至少三位有效数字	输出电压（V）至少三位有效数字	显示增益	实测增益至少四位有效数字	相对误差（％）至少两位有效数字	得分	评分提要
20	人机界面（按键操作是否顺畅稳定、显示是否正确和稳定等）							评分区间0～3分，由评测官主观认定
21	作品稳固性（抗跌落试验，简单整理后作品功能恢复的情况）							评分区间0～3分，由评测官主观认定
22	焊装质量（焊点质量、走线规整、接插件用法规范、装配质量等）							评分区间0～3分，由评测官主观认定
	得分合计							以上得分的总和

（19）作品断电，如图9.3-5双手平持作品，离桌面垂直距离约20cm，桌面铺8层A4打印纸作为减震垫；

（20）双手同时放开作品，任其自由跌落到桌面（抗跌落试验）；

（21）简单整理作品的连线和插接；

（22）作品重新上电，展示各项功能是否能正常运行，由评测官按表9.3-3评分提要，评定和填写"作品稳固性"的得分；

（23）停止为电路供电，拔下自制的电路板，如图9.3-6和9.3-7，由评测官检视电路板的正面和反面，评价焊接和装配的总体质量，按表9.3-3评分提要，评定和填写"焊装质量"的得分；

（24）结束基本功能的评测。

9.3.3 拓展功能评测

9.3.3.1 音乐合成播放

• 评测准备

请参照图9.3-11布设实验装置连好电路。评测开始前下载正确的单片机控制程序。

图9.3-11 拓展功能之音乐合成播放的装置

• 评测步骤和记录

（1）打开电路供电，完整播放示例乐曲；

（2）如果音乐播放时音量可调节，请改变播放的音量大小；

（3）充分展示实验方案和装置的功能；

（4）由评测官按表 9.3-4 提示，记录评测情况，并评定第 1 至 3 项得分；

（5）结束该功能的评测。

9.3.3.2　红外遥控

• 评测准备

请参照图 9.3-12 布设实验装置连好电路，在主电路红外接收点和遥控器电路之间放置一个卷尺，用以评估红外控制的有效距离。评测开始前下载正确的单片机控制程序。

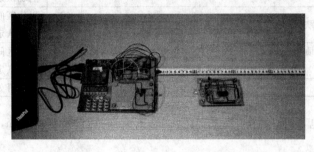

图 9.3-12　拓展功能之红外遥控的装置

• 评测步骤和记录

（1）打开电路供电，在固定距离上，通过遥控器操作能使主电路板数码显示发生正确改变，则可认定该距离上遥控功能有效；

（2）测试 15cm、50cm、100cm 三种指定距离的遥控功能情况；

（3）展示本装置的最远遥控距离；

（4）由评测官按表 9.3-4 提示，记录评测情况，并评定第 4 项得分；

9.3.3.3　多功能的整合和其他功能

基本功能、各项拓展功能，若能在一定程度上整合，比如合用一个控制程序，也就是说相关测试过程中无需更换下载程序，仅需按键操作更换工作模式。

评测官可根据表 9.3-4 的提示，记录情况，并评定第 5 项的得分。

若作品有实质性的其他拓展功能或特色，可酌情附加奖励，记作表 9.3-4 中第 6 项的得分。

表 9.3-4　拓展功能评测记录表

序号	项目	情况描述	评分	评分提要
1	音乐合成播放	是否能播放示例乐曲《荷塘月色》，音量调节是否有效		评分区间 0～2 分，由评测官主观认定
2		是否能播放自编程的其他乐曲，音量调节是否有效		评分区间 0～2 分，由评测官主观认定
3		是否实践了两种连线方案，效果如何		评分区间 0～2 分，由评测官主观认定
4	红外遥控	红外遥控的有效距离		遥控距离小于 15cm，得 4 分； 大于等于 15cm 而小于 50cm，则得 5 分； 大于等于 50cm 而小于 100cm，则得 6 分； 大于等于 100cm 而小于 150cm，则得 8 分； 大于等于 150cm，则得 10 分。 有缺陷或不足，酌情扣减

续表

序号	项目	情 况 描 述	评分	评 分 提 要
5	多功能系统整合			基本功能和两项拓展功能合用一个控制程序,则本项可得 2 分; 若仅实现基本功能与一项拓展功能合用程序,则仅得 1 分; 其他不得分
6	其他拓展功能或作品特色			附加奖励,原则上不超过 5 分
	得分合计			以上得分的总和

9.4　实验报告写作

实验报告在本书设计实践项目中是不可缺少的部分,本节对实验报告的写作给出一定指导和提示。

9.4.1　实验报告写作的格式模板

随本书一同发布的电子文件中,"电子工程综合实践设计报告模板.docx"是一个 Word 格式文件,为本书推荐用于实验报告写作的格式模板。

图 9.4-1 展示的是报告封面页。"完成时间"、"设计小组名单"(即作者署名)、作者单位(比如学校学院名称)等有待写作者填写和修改。

图 9.4-2 为目录页。目录各项与正文中各级标题相对应,均由 Word 软件的"域"功能生成。当正文内各标题或所在的页码发生改变,写作者可以用鼠标指在目录任意区域并右击弹出菜单,选择"更新域"操作,就可以自动使目录与正文一致。

图 9.4-3 举例展示了正文部分。比如第 3 章题为"系统的硬件结构"是关于系统硬件设计的详细说明。模板通过给出各级小标题,建议了一个写作说明步骤。首先,可以对硬件总体结构进行介绍,对应二级标题"3.1 硬件总体结构",讲清硬件包括几个主要模块,它们分别承担什么功能;然后,在标题 3.2 下,对第一个硬件主要模块的设计开展说明,可以从功能、接口、技术要求、实现方式等角度分别说明,与各个三级标题 3.2.1、3.2.2、3.2.3、3.2.4 相对应,如果有需要增加其他部分,写作者可以自行增加三级标题段落;其余硬件模块在标题 3.3 之后逐个说明,写作者根据实际情况自行调整标题项数。为维持文档中格式统一,可灵活使用 Office 软件中的格式刷功能。模板中括号[]和<>内的文字对写作者有指导和提示性,在报告成文后写作者应彻底删除这些部分。

在有些部分,模板给初学者提供了一些格式样例。如图 9.4-4 参考资料页,特意罗列了十项资料条目,演示各类参考文档的列写规范,符合相关国标的要求。但所列内容与本书实验无关,仅供写作者参考格式之用。

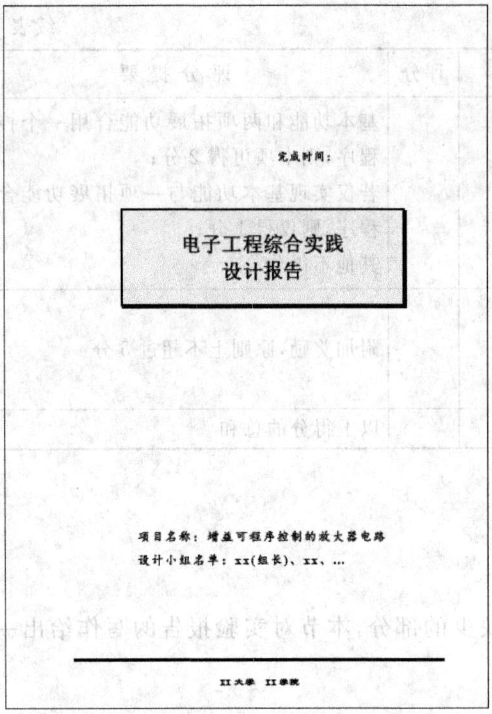

完成时间：

电子工程综合实践
设计报告

项目名称：增益可程序控制的放大器电路

设计小组名单：xx(组长)、xx、…

XX大学 XX学院

图 9.4-1　封面页

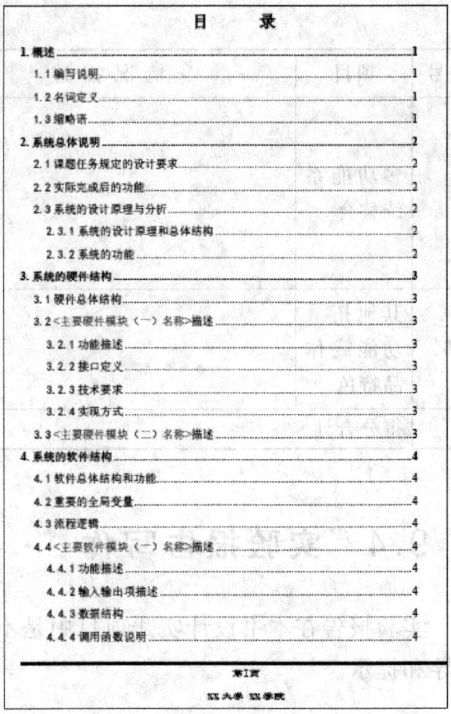

目　录

第I页

XX大学 XX学院

图 9.4-2　目录页

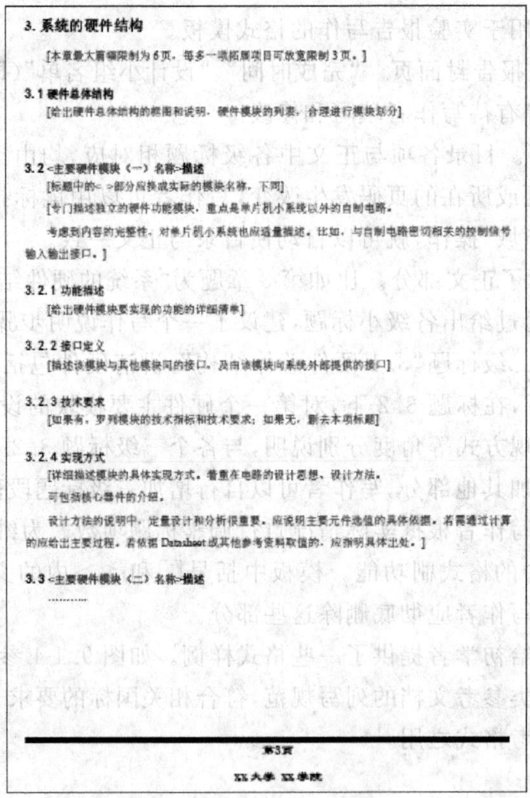

3. 系统的硬件结构

[本章最大篇幅限制为6页，每多一项拓展项目可放宽限制3页。]

3.1 硬件总体结构

[给出硬件总体结构的框图和说明，硬件模块的列表，合理进行模块划分]

3.2 <主要硬件模块（一）名称>描述

[标题中的< >部分应换成实际的模块名称，下同]

[专门描述独立的硬件功能模块，重点是单片机小系统以外的自制电路。

考虑到内容的完整性，对单片机小系统也应适量描述。比如，与自制电路密切相关的控制信号输入输出接口。]

3.2.1 功能描述

[给出硬件模块要实现的功能的详细清单]

3.2.2 接口定义

[描述该模块与其他模块间的接口，及由该模块向系统外部提供的接口]

3.2.3 技术要求

[如果有，罗列模块的技术指标和技术要求；如果无，删去本项标题]

3.2.4 实现方式

[详细描述模块的具体实现方式，着重在电路的设计思想、设计方法。

可包括核心器件的介绍。

设计方法的说明中，定量设计和分析很重要。应说明主要元件选值的具体依据。若需通过计算的应给出主要过程。若依据 Datasheet 或其他参考资料取值的，应指明具体出处。]

3.3 <主要硬件模块（二）名称>描述

…………

第3页

XX大学 XX学院

图 9.4-3　正文页举例

图 9.4-4　参考资料页

9.4.2 报告的组织结构

实验报告是对实验工作的总结,需要对所做工作依据一条内在的逻辑线索来组织文章的章节段落和整体结构,按照逻辑顺序编排章节和句子。

例如,采用自顶向下、逐级展开的"金字塔"结构。本书提供的实验报告模板就参用了这样的结构。图 9.4-5 所示为模板的大致组织顺序,图 9.4-6 按"金字塔"形式解读它内在的结构。首先,应该对项目进行背景和总体概括介绍;之后,分章节对设计中的各模块或所做的各方面工作加以详细描述;最后,应该有技术指标检测结果和对结果的分析。每章内可以根据逻辑关系进一步细分成更加小的节。这种逻辑关系可以是多种多样的,但是应该在一个报告里有所确定。例如,可以是先总,再分。分的时候可以按照结构组成分模块说明,或按照实现方式的不同分软硬件说明,或者按实现步骤先后顺序逐步介绍等等。总之,要按照结构、时间、空间、因果等一定的逻辑顺序组织编排。

还要注意,本书虽然提供了一个实验报告模板,但仅作为一个参考,可以根据实际情况调整文章结构的逻辑顺序。另外,绝不应该拿着模板只做简单的填空套用,一定要充分理解全文的逻辑结构,注意上下文间的逻辑联系,行文也要适当承上启下。

封面
摘要
1 编写说明
2 系统总体
3 硬件结构
3.1 硬件总体(功能模块的划分情况)
3.2 各硬件功能模块内部说明(功能、接口、
　　技术要求、实现方式等)
4 软件结构
4.1 软件总体(功能模块的划分情况)
4.2 各软件模块内部情况说明(功能、输入
　　输出项、数据结构、调用函数、算法等)
5 测试与分析
6 致谢
7 参考文献
8 附录（学习心得、测试照片、程序清单等）

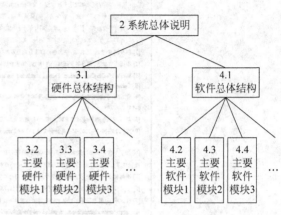

图 9.4-5　文章组织顺序　　　　　　图 9.4-6　内在的"金字塔"结构

9.4.3　报告的语言风格

实验报告属于一种科技说明文专业作文,在语言风格上应遵循准确、严密、完整、平实、简练和规范等原则。另外,科技写作的一项重要特点就是同时使用自然语言符号系统和人工语言符号系统。前者指普通的文字符号系统,比如中文或英文等,后者指自然语言符号之外的书面符号系统,但一般仅限于规范的专业符号。人工语言符号包括了图形、表格、数学公式等各种形式。

报告的语句要通顺,且常用多重复合专句,句法严密,表达上力求滴水不漏。在报告中若对技术参数进行论述,应使用定量化描述,尽量少用笼统和不确定的说法。整体采用平铺直叙,用语朴实无华、平实可信,基本不使用文学写作中的伏笔、倒叙等手法,更不可以故意不交待结局而留待下回分解。介绍所获成果或提出观点证明时,要实事求是、言之有据,不得夸大其词,不要使用带过度情感色彩的语言表达。语言还要精炼实用,合理运用图、表、公式等专业化表达方式可以有效达到既简练又准确的效果。图表、符号、公式、术语、计量单位等须符合专业标准。

9.4.4　报告中的图和表

9.4.4.1　制作和使用图表的一般要领

图的形式很多。比如,表示系统逻辑组成的方框图,表示函数关系的坐标曲线图,表示成分构成的饼图,表示数量分布的柱状图,表示过程或算法的流程图,还有实物照片,等等。可以根据被说明对象的需要,灵活选择合适的作图形式。而表格则是表示交叉组合逻辑关系的有效手段,使用时要合理设计表格的行列项目。

制作和使用图表应注意以下几点。

其一,注意遵守制图的规范。

图须有"自明性",让读者仅通过读图就能获取足够的信息。例如,对直角坐标图中的坐标轴,应该标明刻度、物理量、计量单位等必要信息,不能图中不表明,而仅在正文说明中加以陈述。

图必须有图号和图题(图的名称),且必须置于图的下方。

图号具有全局唯一性。正文中提及该图时应引以图号,不能写作"见下图"等。图号的编号规则可以有多种,可以通篇按顺序编号,如图1、图2等;如果文章比较长,章节和图较多,也可以分章节按顺序编号,比如第3章第4节内的图,按序编号如图3.4.1、图3.4.2等。

由于正文陈述时引用图号,所以在排版时图不一定强求要紧跟相关正文文字,避免在一页剩余位置放不下该图时造成版面出现大片空白(俗称开"天窗")。当一页上放不下某张图时,应将后续文字提前,填补页面空白,而将图排到后一页。

图9.4-7和图9.4-8分别展示了错误或有缺陷做法和正确的做法。

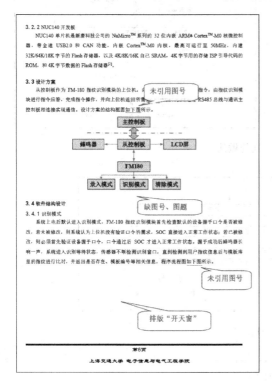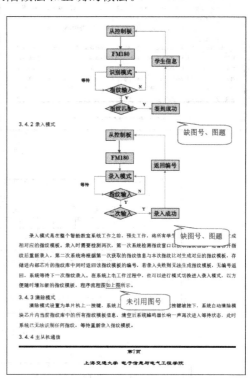

图9.4-7　错误的做法(其中标注指出错误之处)

其二,注意表格的规范。

表格也必须有表号、表题,且必须置于表的上方。编号方式跟图类似。

表中的格子内划横线表示"无此项",不能空白(空白表示内容待填写),如图9.4-9所示。

表格须有实体框线,可以采用图9.4-9中的全框表格,也可以如图9.4-10采用简明三线表。

其三,除确有必要,正式报告中的图或表多采用偏白描或素色风格,不宜色彩过于斑斓。

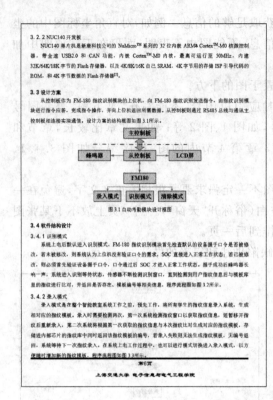

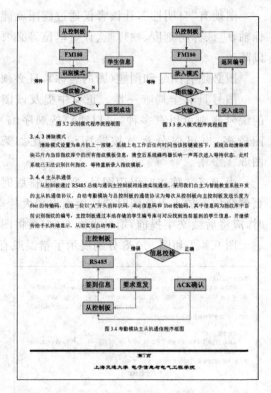

图 9.4-8　正确的做法

表 3-6　UART 接口引脚定义

引脚号	名称	类型	功能描述
1	Vin	in	电源正输入端（线色：红）
2	TD	out	串行数据输出，TTL 逻辑电平（线色：绿）
3	RD	in	串行数据输入，TTL 逻辑电平（线色：白）
4	GND	—	信号地，内部与电源地连接（线色：黑）

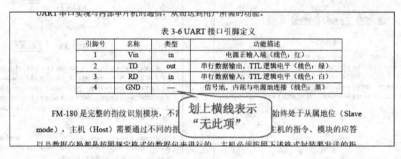

图 9.4-9　表格举例 1

表 3-6　UART 接口引脚定义

引脚号	名称	类型	功能描述
1	Vin	in	电源正输入端（线色：红）
2	TD	out	串行数据输出，TTL 逻辑电平（线色：绿）
3	RD	in	串行数据输入，TTL 逻辑电平（线色：白）
4	GND	—	信号地，内部与电源地连接（线色：黑）

图 9.4-10　表格举例 2

　　其四，像计算机程序流程图等，其图例有标准规范（比如用菱形框代表判断操作），也要注意遵守。

9.4.4.2 带中断处理的单片机程序流程图

在报告中描述所设计的系统控制软件的算法过程时,不能靠简单地列出源代码。为了提高文章的可读性,应适当选择采用流程图、编号的文字条目、简明的伪代码等比源代码更直观易懂的说明形式。而对初学者来讲,流程图是比较好的选择。

画程序流程图要注意图式规范,比如矩形框表示处理步骤,菱形框表示判断分支条件,等等。另外,在本书实验的单片机编程当中,我们用到了中断。因此,除了主程序代码段之外,还包含中断服务程序段。那么,相应的流程图应该如何正确地画呢?

图 9.4-11 是一种错误的画法。图中 A1、A2 代表主程序中的程序段落,B1 和 B2 代表中断服务的程序段落。作者将主程序和中断服务程序所做工作按照自认为合理的先后顺序,画在了同一个流程里。读者会误以为 B1、B2 总在 A1、A2 执行完毕之后,才可能被执行。显然这与中断机制的工作原理不相符。在中断机制中,其实是依靠CPU 内部硬件来实现主程序与各中断服务程序之间的跳转的。

图 9.4-12 是正确画法的示意图。与前述画法最明显的区别是,主程序和中断服务程序分开为两段彼此完全独立的流程。主程序中,执行开中断之后,程序反复运行 A1、A2 步骤,构成死循环。而这一循环随时可能被暂时中断(很可能是断在 A1 或 A2 内部位置),保护断点现场,由 CPU 片内硬件机构将处理器切换到执行中断服务程序。当 B1、B2 完成之后,处理器执行中断返回,回到主程序的断点,恢复现场,继续原先的死循环运行。

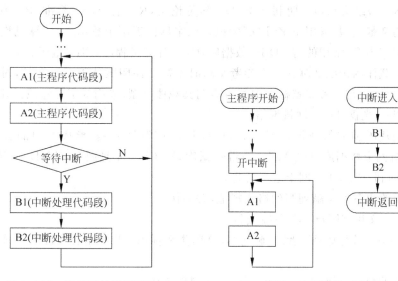

图 9.4-11　流程图的错误画法　　　　图 9.4-12　流程图的正确画法

9.4.5　报告的其他组成部分

本书建议的实验报告写作模板上,除了封面页、目录页和正文外,还包含一些相对次要但不宜缺少的其他组成部分。它们是摘要(含关键词)、致谢、参考资料、附录等。

9.4.5.1 摘要

摘要一般是一段简明扼要的文字叙述,不含图表、公式、非公知公用的符号和术语,概括全文所做工作的内容与结果,但不带有自我评论性内容。摘要须有独立性和自含性,是一种可以与文章本体脱离的"报道性"短文，可供迅速查阅。科技人员在做文献情报检索时，一般先读一篇文献的摘要，而后决定是否研读全文。有时需要支付一定费用才能取得全文，而摘要可以免费获取。因此，摘要不同于某些文章或书籍的前言，不要写入"作者水平有限，不当之处望读者指正"等谦辞。本书实验项目报告的摘要篇幅以中文 200 至 300 字为宜。

关键词又称主题词，是为了方便文献标引工作而根据文章的专业特征选取出来的。一般选取 3 至 8 个术语或词组，以显著的字体另起一行，以分号隔开，排在摘要的下方。比如，本书实验项目报告的关键词可以根据情况选取，比如：运算放大器应用；MSP430 单片机；音频放大；红外遥控。

9.4.5.2　致谢

因循学术礼仪惯例，在报告后部可以包含一个致谢页。对在实验及报告写作过程中给予过自己帮助的单位或个人，表达真挚诚恳但有分寸的感激和敬意。常用"深表谢意"、"谨致谢忱"等措辞，但切忌借感谢他人而抬高自己。

9.4.5.3　参考资料的列法

写作实验报告时，会查阅和参考不少技术资料，需按顺序编号并以规范的格式列出。参考文献的罗列和编号顺序，一般要与在正文中首次引用的先后次序一致。

列写参考文献时，要用到文献类型代码和文献载体代码。

文献类型代码以单字母或双字母方式标识。常用的单字母标识及含义有：M—专著，C—论文集，N—报纸文章，J—期刊文章，D—学位论文，R—报告，S—标准，P—专利；对于其他未说明的文献类型，采用单字母"Z"标识。双字母标识用于数据库、计算机程序及电子公告等电子文献类型，常用的有：DB—数据库，CP—计算机程序，EB—电子公告。

以纸张为载体的传统文献在引作参考文献时不需要注明载体类型。但是，对于非纸张型载体电子文献，需在参考文献标识中同时表明其载体类型，采用双字母标识：MT—磁带，DK—磁盘，CD—光盘，OL—联机网络。

文献类型代码和文献载体代码组合，中间用斜杠符号分隔，形成专门的含义，比如：DB/OL—联机网上数据库，DB/MT—磁带数据库，M/CD—光盘图书，CP/DK—磁盘软件，J/OL—网上期刊，EB/OL—网上电子公告。

以下简要给出各类文献列写的格式规范，并举例。

- 专著、论文集、学位论文、科技报告

格式为：[序号]主要责任者. 文献题名[文献类型标识]. 出版地：出版者，出版年：起止页码(任选).

集成芯片的数据手册(datasheet)属于一种科技报告。

举例如下：

[1] 蒋有绪,郭泉水,马娟,等. 中国森林群落分类及其群落学特征[M]. 北京：科学出版社,1998：11-12.

[2] 中国力学学会. 第 2 届全国实验流体力学学术会议论文集[C]. 天津：科学出版社,1993：20-24.

[3] World Health Organization. Factors regulating the immune response：report of WHO Scientific Group[R]. Geneva：WHO,1970.

[4] 张志祥. 间断动力系统的随机扰动及其在守恒律方程中的应用[D]. 北京：北京大

学数学学院,1998:50-55.

- 专利

格式为:[序号]专利所有者.专利题名.专利国别:专利号[P],出版日期.

如下例子中同时标明了网上资料的地址链接:

[5] 河北绿洲生态环境科技有限公司.一种荒漠化地区生态植被综合培育种植方法:中国,01129210.5[P/OL].2001-10-24[2002-05-28].http://211.152.9.47/sipoasp/zlijs/hyjs-yxnew.asp?recid=01129210.5&leixin.

- 论文集、专著、标准汇编中的析出文献

格式为:[序号].析出文献主要责任者.析出文献题名[文献类型载体标识]//原文献主要责任者(任选).原文献题名.出版地:出版者,出版年:析出文献起止页码.

举例:

[6] 国家标准局信息分类编码研究所.GB/T 2659-1986 世界各国和地区名称代码[S]//全国文献工作标准化技术委员会.文献工作国家标准汇编:3.北京:中国标准出版社,1988:59-92.

- 期刊中析出的文章

格式为:[序号]主要责任者.文献题名[J].刊名,年,卷(期):起止页码.

举例:

[7] 李炳穆.理想的图书馆员和信息专家的素质与形象[J].图书情报工作,2000(2):5-8.

- 报纸文章

格式为:[序号]主要责任者.文献题名[N].报纸名,出版日期(版次).

举例:

[8] 丁文祥.数字革命与竞争国际化[N].中国青年报,2000-11-20(15).

- 电子文献

格式为:[序号]主要责任者.电子文献题名[电子文献及载体类型标识].电子文献的出处,发表或更新日期/引用日期(任选).可获得地址.

举例如下:

[9] 江向东.互联网环境下的信息处理与图书管理系统解决方案[J/OL].情报学报,1999,18(2):4[2000-01-18].http://www.chinainfo.gov.cn/periodical/gbxb/gbxb99/gbxb990203.

[10] CHRISTINE M.Plant physiology:plant biology in the Genome Era[J/OL].Science,1998,281:331-332[1998-09-23].http://www.sciencemag.org/cgi/collection/anatmorp.

9.4.5.4 附录

有些内容跟报告密切相关,但如果编入正文会有损条理性;或者对于一般读者并非必要,仅对少数专业读者有价值;再或者篇幅过大,编入正文会导致喧宾夺主的材料。这些内容可考虑编入附录。

本书实验报告的附录部分,可以酌情考虑编入程序清单、数学推导过程(假如篇幅较大)、设计图纸(如果有的话)、实验学习心得和建议等。

9.4.6 学术诚信和引文注解

实验报告写作是做学问的重要部分,必须特别注意学术诚信的问题。

首先,不得伪造、变造数据或实验结果,实验结果必须真实可信,经得起检验。

其次,要合理使用参考材料,可以引用别人的成果,但依据科研工作的惯例,在文章中对于不是作者独立原创的部分必须加标注,合理声明或注解。无论是文字或是图形、表格等,不加标注的引录,视同抄袭。

引用他人成果可以采用直接陈述,或是上标加注的方法。以下举例供参考,方括号数字代表"参考资料"所录相关文献的引文编号。

根据某文[9],…。

某人的工作[17]表明,…。

电路的幅频特性如图 7.2.1[5]所示…。

运算放大器[12]同相放大电路…。

9.4.7 实验报告的评价评分原则

对实验报告的写作质量可以从五个方面进行评价,分别是条理性、完整性、准确性、规范性和独立性。初学者是本书实验项目的主要面向对象,需要学习掌握科技写作常识和规范,不宜在内容或形式上片面追求独立创新创意,建议首先着力掌握基本写作规范。建议的评分比重(如表 9.4-1)反映了这一导向。但是,对于引用他人文章且故意不加注解,有严重剽窃嫌疑的,可以施行"一票否决"的做法。

表 9.4-1　各项评分的比重

序号	考查因素	建议的评分比重(%)
1	条理性	15
2	完整性	20
3	准确性	25
4	规范性	30
5	独立性	10

• 条理性

报告的条理性,即文章整体层次结构是否合理,各部分的陈述顺序、前后承接与呼应是否恰当,文章从头至尾是否有良好的内在逻辑路径。

初学者在写作时,充分理解报告模板的结构意图,可以保证全文条理较为清晰。

• 完整性

报告的各主要和次要部分应均无缺失,对实验作品的硬件、软件结构和主要模块都有相应的章节说明而无遗漏。

关键内容和图纸均有录入。比如主要硬件电路的电气原理图,元件取值均标注完整;软件算法流程思想的说明;软件程序源代码清单;实验作品测试数据和结果。

为了使报告写作时资料充足,平时在实验过程中就要注意做好数据记录、照相记录等工作,持续积累写作素材。

从实验报告读者角度看,内容完整意味着参照报告内容重复一遍作者的工作,原则上不存在障碍。

- 准确性

整体上讲,论述的准确性指文章的语言是否通顺,概念是否正确,描述是否清晰,用词、作图是否准确,数学公式是否无差错。

实验报告中对软件的说明要用流程图等方法直观而透彻地描述程序结构或算法思想,不能只列出源代码。源代码的可读性太差,很难让读者准确而全面地理解作者的设计意图。

而对硬件电路的设计说明,除了有定性描述之外,应有适当的定量分析,说明主要元件选值设计的具体依据。比如,需通过计算推定的,应给出推定过程;若是依据 Datasheet 或其他参考资料取值的,应指明具体出处。

对于实验测试结果的分析必不可少,除了要准确录入测试数据之外,应该据此进行合理的分析并得出结论。无论是否达到要求,都应该有文字叙述。对于未达标的部分更应该重点分析给出其原因与可能的解决思路。

- 规范性

对文章规范性的考查重点包括版面的基本美观,排版整齐,前后文格式一致,图表规范,以及引文规范等。

各级标题编号要统一;图号和图题无缺失,应位于图下方;表号和表题无缺失,要位于表上方。

引用参考文献的文字、图表时要加注解。

科技论文写作格式是有国家规范的。有兴趣的读者可以自行查询国家标准的原文。

- 独立性

独立性指报告是否反映了作者有一定的独到见解,或独特的实验方法等。对有合理创意的报告予以适当鼓励,给予更高的评价。

参 考 文 献

[1] Ron Mancini,Op Amps For Everyone (SLOD006B)[EB/CD],TAXES INSTRUMENTS,August 2002.

[2] FAIRCHILD Semiconductor Corporation,CD4066BC Quad Bilateral Switch Datasheet[EB/OL], August 2000,http://pdf.dzsc.com/66B/CD4066BCN.pdf.

[3] 中国国家标准局.GB 7713-87 科学技术报告、学位论文和学术论文的编写格式[S].北京:中国国家标准出版社,1987.

[4] 中国国家标准局.GB 3469-1983 文献类型与文献载体代码[S].1983.

[5] 上海交通大学,上海交通大学毕业设计(论文)模板[R/OL],2013,http://bysj.jwc.sjtu.edu.cn/shownews.aspx? newsno=tCzMG/82l/gGua/o1Oc3QA....

[6] 林文荀.学位论文写作[M].北京:宇航出版社,1997.

[7] 360 百科词条:电子元件[EB/OL],2012,http://baike.so.com/doc/4856553-5073900.html.

[8] 百度文库,电子元器件基础知识大全[DB/OL],2011,http://wenku.baidu.com/view/fc2e7d27ccbff-121dd368389.html.

[9] 百度文库,电子元器件基础知识介绍[DB/OL],2007,http://wenku.baidu.com/view/1dcc8bc9a1c7a-a00b52acbbf.html? re=view.

[10] 百度文库,红外遥控器原理[DB/OL],2011,http://wenku.baidu.com/view/a2ca0d16866fb84ae45c8dc4.html.

[11] 百度文库,多谐振荡器和单稳态触发器[DB/OL],2010,http://wenku.baidu.com/view/0aa1911dc-281e53a5802fff4.html? re=view.

[12] 百度文库,光敏二极管的两种工作状态[DB/OL],2011,http://wenku.baidu.com/link? url=kSbmbSirSnVhhlhdl3JI83zz-WtyoVQI4KqTN09oUQpnPHtIzo6dn4aXZ9jaBF20U0bONPjGY6ze5EA-lk5WLW8IJa8rf5z9h-u9oJJAP6pq.

[13] 百度文库,二极管知识[DB/OL],2013,http://wenku.baidu.com/link? url=mkm3ESbgPQNwCv-K7v1K6Pj9RfnCOdFPH0nfagFd72YaKDB8InC6bsBF8ROVXbwSeqwVwsbeleq7jL48QlbdayAvfA88-J0wYlHrDX81qNLW_.